声波测井和可控震源地震勘探中的非线性波场

[俄]К. И. 洛吉诺夫 [俄]А. П. 茹科夫 著
[俄]М. Б. 什内尔松 [俄]И. В. 洛吉诺夫

闻博 译

裘慰庭 校

石油工业出版社

内容提要

本书介绍了在激发脉冲(测井)和可控震源(地震勘探)的波场中出现的非线性组分的理论和实践研究。本书描述了地震和声波波场的非线性效应的理论基础,介绍了方法试验成果,显示出该技术应用于检测岩石孔隙和裂缝中充满流体介质或烃类的可能性。

本书可供地质勘探工程技术人员及高校相关专业大学生、研究生参考。

图书在版编目(CIP)数据

声波测井和可控震源地震勘探中的非线性波场/(俄罗斯)К. И. 洛吉诺夫等著;闻博译;裘慰庭校. —北京:石油工业出版社,2015.12
ISBN 978-7-5183-0990-0

Ⅰ. 声…
Ⅱ. ①洛…②闻…③裘…
Ⅲ. ①声波测井-非线性波-研究
②地震勘探-非线性波-研究
Ⅳ. ①P631.8 ②P631.4

中国版本图书馆 CIP 数据核字(2015)第 296048 号

Перевод с русского языка:
《Нелинейные волновые поля в акустическом каротаже и вибрационной сейсморазведке》
Авторы:Логинов К. И.,Жуков А. П.,Шнеерсон М. Б.,Логинов И. В.
ISBN:978-5-88942-115-3

北京市版权局著作权合同登记号:01-2016-0363

出版发行:石油工业出版社
(北京安定门外安华里2区1号 100011)
网 址:www.petropub.com
编辑部:(010)64523533
图书营销中心:(010)64523633
经 销:全国新华书店
印 刷:北京中石油彩色印刷有限责任公司

2015年12月第1版 2015年12月第1次印刷
850×1168毫米 开本:1/32 印张:2.625
字数:65千字

定价:28.00元
(如出现印装质量问题,我社图书营销中心负责调换)

前　　言

地震勘探和声波测井中波场的非线性效应长久以来一直受到众多研究者的关注。到目前为止，为了确认地球物理学中两种方法的波场存在非线性分量，已经完成了一系列理论和试验工作[2,4,8,11,15]。实际上，在现实的地质环境中，尤其是在碳氢化合物聚集区，采用地震和声波测井的方法，其波场具有非线性特征这一事实已不再引起大家的疑问。争论的焦点在于我们所研究波场的非线性的强度和其在解决实际问题中的应用。在相关的波学领域（声学、无线电物理、光学等），已经形成了这样的学科方向，比如非线性声学，非线性光学，以及非线性波传播过程理论。非线性地震勘探和非线性声波测井可以划入这个理论中的一个类别。

尽管如此，非线性理论在地球物理中的实际应用范围并不是十分广泛。这是因为大多数情况下线性理论可以解决的问题比较全面，而且可以为几乎全部的构造问题提供结论性依据，有时候线性理论也可以解决一些非构造性的问题。

然而，在井中声学、可控震源地震勘探、爆炸物理、油田监测及其他领域中，最新成果是不可能完全用波场线性理论来解释的。因此，有必要系统地研究非线性效应在弹性波微小变形的激发和传播过程中所起的作用。

可以这样说，在声波测井和地震勘探方面对非线性效应的科学研究和试验将会是地球物理学中地震勘探和声波测井方法进一步发展和完善的基础。

在自然界中不存在绝对的线性系统，因此所有实际的力学系统都是非线性的。然而，通常出于各种原因考虑，一般是为了简单和快速地得到结果，我们把这个系统当做是“线性的”，并认为系统的非线性特征是可以忽略不计的，也会使别人相信可以忽略其非线性特征。这种处理方式在地球物理学和其他相关学科中应用非常广泛（比如声学、光学等）。

声波测井和地震勘探实际波场非线性的产生是由弹性理论方程的非线性、胡克定律的近似性、可控震源的特性和传递负载的方式所决定的，这是最根本、最原始的原因。

波的振动和传播理论是基于弹性能量表达式按级数展开的形变张量。在展开的各部分中，假设三阶或更高阶的数值非常微小，可忽略不计，这样，方程就只具有线性特征。本书所关注的展开式中的高阶项破坏了线性特征，出现了新的效应，这是由运动方程的非线性产生的。

这些原因引起的非线性是几何上的，它与形变物体的物理性质和属性无关。

第二种非线性类型是物理上的——这种非线性受制于形变和应力，具有自身独有的特征，与岩石的非均质性、裂隙、孔隙、油气饱和度等特性有关。

我们所观测到的波场中出现的非线性成分，一般与在多孔环境中（有裂缝）及外部动态荷载的作用下产生流体流动的过程密切相关。国内和国外学者的研究指出，在这样的介质中声波传播时会发生液相相对固相的位移（岩石骨架），进而会产生次声纵波，其具有传播速度慢和高衰减性的特征[10,12,15,17,18]。次声波的形成及其与原波场的相互作用，改变了多孔流体饱和介质的物理属性，使得我们所观测的波场中出现了非线性分量。

近几年的理论和实践研究表明，两相或三相储层是油气田典型的特征，具有明显的非线性特征[4,5,11,12]。其中油藏中的气泡起着非常重要的作用，在弹性波穿过的时候，气泡很容易由自由状态变成溶解状态，改变自己的体积，从而导致储层物理性质的改变，进而导致在我们所观测的波场中出现非线性分量。从这里可以看出，油气饱和岩石的非线性程度高于围岩。发现波场非线性元素为开发新的非传统的发现油气藏的方法奠定了基础。

在可控震源地震勘探中还有一个出现非线性元素的原因。

现代可控震源地震勘探的振动特性是这样的，尽管已经开发的震源单位负载相对较小，但震源的激发平板和惯性质量的多向运动是不对称的，这就导致了激发振动的畸变和非线性的失真，特别是在低频区域[1,14,16]。这样就出现了谐波的非线性波成分，这些谐波成分在激发的信号中是没有的。这将会使记录的波谱成分增加，并可能在不同的频带中使沉积剖面显示得更清楚。这种非线性是机械性的，并在可控震源地震勘探中发挥极其重要的作用。

这样，几何学的、物理学的、机械性的非线性特性构成了用于检测多孔和裂隙中充满流体介质和发现液态或气态碳氢化合物矿藏的非线性可控震源地震勘探和非线性声波测井方法的物理基础。

本书各章节描述了地震波场和声波测井波场的非线性效应的理论基础，介绍了方法试验成果，显示出该技术应用于检测岩石孔隙和裂缝中充满流体介质或烃类的可能性。

目　录

1 非线性波现象的理论基础

从数学角度来看,波在非弹性介质中传播问题的解决十分困难,这已经超出了本书的研究范围。

鉴于此,下面就介质非线性特征中的一部分问题进行讨论。非线性特征的介质可用于评价谐波相对强度,获得适用于具有非线性特征介质的胡克方程,并用于研究可控震源激发地震波的特性。

1.1 几何非线性与物理非线性

几何非线性受制于介质中位移矢量点和形变张量之间的非线性关系。这个问题的部分解决方案请关注参考文献[3]。

一般来说,地震勘探和声波测井的振动源的尺寸比激发波的波长短得多。因此处理单极点辐射(即无力矩辐射)的问题可以认为是在理想状态下的球形对称弹性非线性均质介质中完成的。

描述介质点运动的相应方程的形式为[3]

$$\frac{1}{c^2}\frac{\partial^2 u}{\partial t^2} - \frac{\partial^2 u}{\partial x^2} - \frac{2}{x}\frac{\partial u}{\partial x} + \frac{2u}{x^2} = n\frac{\partial u}{\partial x}\frac{\partial^2 u}{\partial x^2}$$

式中:u,x 和 t 分别为介质点的位移、到单极中心点的距离和相应的时间;c 为波传播的速度;n 为非线性参数,等于三级和二级弹性常数比。

当$\frac{\pi}{\lambda}\leqslant 1$ 时(λ 为波长),可以通过连续近似值的方法来运算运动方程[3],即

$$U(x,t) = u_0(x,t) + V(x,t)$$

式中:u_0 为线性问题的解,也就是当 $n=0$ 时的解;V 为非线性校正值。

于是得出了这样的结论:在震源激发的波谱中,不仅会出现与介质非线性特征相关的低频成分,也会出现高频成分。

波在具有非线性特征的介质中传播具有以下特征:

(1)不同频率间不是相互干扰,而是相互作用形成具有叠频和差频的振动;

(2)出现谐波振动和次谐波振动,它们的频率是基波的 n 倍或 $1/n$ 倍;

(3)激发程度与所观测到的振动之间的比例被破坏[6,10,11]。

波在相互作用中会发生部分能量从一个波传向另外波的现象。这个过程十分复杂,并表现出使系统达到平衡的倾向[8]。在波相互作用和能量从这个波传向其他波的基础上可能实现所谓的波的参数相互作用[7,8,9]。其中,频率为 ω_3 的高能量波(如打气筒)用于给频率为 ω_1 的弱波增强能量(参数放大器)或者用于激发(参数发生器)形成新的波。同时还会出现具有第 3 种频率 $\omega_2=\omega_3-\omega_1$ 的波。参数变化的过程是一个衰退过程,因为能量量子 $h\omega_3$ 在衰退过程中会分成两种:$h\omega_1$ 和 $h\omega_2$,并且在参数的相互作用中至少会有 3 种波参与。

在声波的参数发射和接收中会应用到波非线性相互作用[7,9]。同传统的激发和接收声波方法相比具有明显优势,特别是当发射探头与接收探头的间距较小时,可以用来接收窄幅方向图。

前面已指出,受形变和应力影响的物理非线性具有非线性特征。从形成的历史上看,以胡克定律线性近似为基础的线性理论在地震勘探和地球物理领域占据着主导地位。但是理论上从简单到复杂的变化过程和实验数据的积累还是要考虑胡克定律中的非线性成分[2,8]。

问题在于,“线性特性”的实际系统非常少。大多数情况下,采用忽略二阶或更高阶运动方程的组成分量的相对坐标和速度的方式,将实际情况简化后才会出现完全线性的特征。例如,在振动将要达到平衡位置时才会构成弹性系统微小振动的线性方程。假如获得了足够多的初始微弱扰动,系统整体还保持静态,此时动能和势能只能通过低阶分量来表达,其他阶的可以暂时抛在一旁,不用考虑。这样就出现了有常数的线性微分运动方程,这对于解决许多实际问题是有用的。

然而系统的线性化是一条简化实际进程的道路,其所得的结果即使是用于粗略的计算也是不能接受的。无论如何,线性化制约了系统物理特性全面和向各个方向展开的可能性,并可能导致介质的扰动响应出现不正确的结果。

此处还应当指出,被傅里叶级数分解了的外部力量对非线性系统的作用不等于这一级数每个独立谐波项线性作用的总和。在非线性系统中频率大部分还是取决于振动的振幅。

众所周知,许多材料即使是在发生微小形变时也不遵循胡克线性定律。固体的宏观研究表明,在负载为 1kg/cm^2 时它们的弹性特征也并不严格遵循胡克定律[11]。

我们所看到的最明显的差异出现在沉积剖面上层部分形成的沉积岩和油气田中。

由两相或三相构成的含油气岩石具有极其明显的非线性特征[11]。特别是气泡的作用非常巨大,有些类似于受裂隙影响的固体非线性特性[11]。

描述弹性波在具有非线性特征的介质中传播的过程在数学上有很大的难度。直至今日,在各向同性介质中振动无损传播时,弹性非线性理论基础仍在研究之中,但可以用于表述流动过程的一般特征和对谐波分量的振幅进行评价[1,7,15]。弹性非线性理论的叙述要从形变开始[7]。

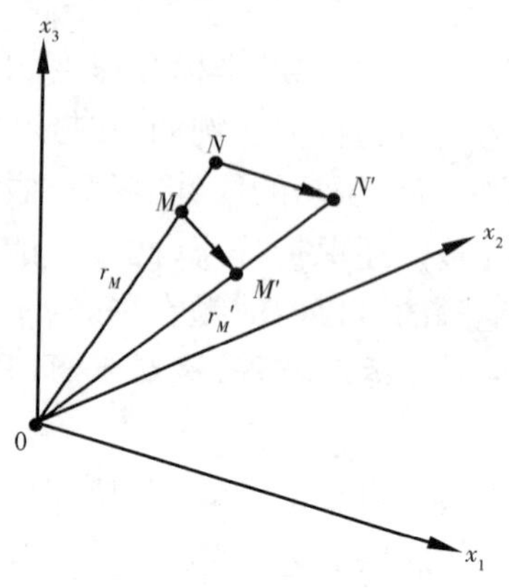

图 1.1　固体形变的确定

设固体上任意一点为 M（图 1.1），向量半径为 r_M。在外部力的作用下点 M 以 r_M 为向量半径位移到 M'。则 M 点的位移 $u_M = r_{M'} - r_M$。

位移不用来确定物体的形变，因为它有可能是由于物体的旋转或者移动造成的。形变的程度是用两个最近点之间距离来衡量的，例如点 M 和 N（图 1.1）。形变前两者之间距离的平方表示为

$$ds^2 = |r_M - r_N|^2 = dx_1^2 + dx_2^2 + dx_3^2 = dx_i^2$$

发生形变后则为

$$ds'^2 = |r_{M'} - r_{N'}|^2 = |r_M + u_M - r_N - u_N|^2 = (dx_i + du_i)^2$$

当 $u = u(x_1, x_2, x_3)$，$du_i = \frac{\partial u_i}{\partial x_k} dx_k$ 时，由于形变而引起的 M 点和 N 点之间距离的变化等于 $ds'^2 - ds^2 = 2u_{ik} dx_i dx_k$，其中 u_{ik} 为形变张量分量，它的计算公式为

$$u_{ik} = \frac{1}{2}\left(\frac{\partial u_i}{\partial x_k} + \frac{\partial u_k}{\partial x_i} + \frac{\partial u_i}{\partial x_i}\frac{\partial u_i}{\partial x_k}\right)$$

弹性形变张量是对称的，也就是说 $u_{ik} = u_{ki}$。坐标轴 x_1, x_2, x_3（u_{11}, u_{22}, u_{33}）中的形变张量分量由两点之间的相对距离变化来衡量。

形变张量非线性地取决于坐标内所产生的位移向量分量。这是由于形变 MN 之间的线段长度的改变用形变后线段的长度来衡

量而引发的。

通过坐标的变换表示固体各点形变张量，就如同沿 3 条相互垂直的轴线压缩或拉伸这些轴线，即所谓的该点形变主方向。

在此还要指出，如果形变过小和弹塑性波的振幅超过岩石弹性极限的情况，则不予关注。

在固体其他部分未发生形变的状态下，这些部分会保持机械上的平衡，合力为零。如果在非形变状态下在固体上划出一小块面积 ds，形变后为 ds′，对这个面积施加一个作用力，该作用力不仅取决于这块面积的中心在形变物体中所处的位置，还与垂直于 ds′的单位向量 n'的方向有关。力的向量分量表示为[7]

$$\mathrm{d}f_i = \bar{\sigma}_{ik} n'_k \mathrm{d}s'$$

式中：$\bar{\sigma}_{ik}$表示应力张量。

当形变非常小时，坐标内形变前和形变物体的应力张量之间没有明显差别。

可以这样来表示，应用未形变物体的坐标，应力张量为[7]

$$\bar{\sigma}_{ik} = \partial U / \partial(\partial u_i / \partial x_k)$$

式中：U 表示内能。

这个值具有作用于 ds′面积的力的 i 组分意义，且在形变前这个面积的法线是沿着 K 轴的方向。这种比例关系确定了固体介质在形变后应力精度可达第二阶最小值。需要指出的是，广义上的应力张量是不对称的，也就是说 $\sigma_{ik} \neq \sigma_{ki}$。

为了得到固体形变部分的运动方程，首先我们需要知道在形变过程中作用于这一部分的体积力和外力。外力是可以设定的，体积力可以通过形变物体的内能来确定。内能是形变张量分量的函数。

$U = U(J_1, J_2, J_3)$，其中 J_1, J_2, J_3 是 3 个坐标轴张量分量，精确拆分这个函数可达第三级最小值，即[7]

$$U = U(0,0,0) + \left.\frac{\partial U}{\partial J_1}\right|_0 + J_1 + \left.\frac{\partial U}{\partial J_2}\right|_0 + \frac{1}{2}\left.\frac{\partial^2 U}{\partial J_1^2}\right|_0 J_1^2 + \left.\frac{\partial U}{\partial J_3}\right|_0 J_3$$
$$+ \frac{1}{2}\left.\frac{\partial^2 U}{\partial J_1 \partial J_2}\right|_0 J_1 J_2 + \frac{1}{6}\left.\frac{\partial^3 U}{\partial J_1^3}\right|_0 J_1^3 + \cdots \tag{1.1}$$

这样，过剩的能量就变成了研究的客体，即

$$U(0,0,0) = 0 \text{ 和} \left.\frac{\partial U}{\partial J_1}\right|_0 = 0$$

在弹性非线性理论中[7]，存在这样的认识，即

$$\left.\frac{\partial U}{\partial J_2}\right|_0 = -2\mu;\quad \left.\frac{\partial U}{\partial J_3}\right|_0 = n = A;\quad \left.\frac{\partial^2 U}{\partial J_1^2}\right|_0 = K + \frac{4}{3}\mu;$$
$$\left.\frac{\partial^2 U}{\partial J_1 \partial J_2}\right|_0 = -4m = -2A - 4B;\quad \left.\frac{\partial^2 U}{\partial J_3^2}\right|_0 = 4m + 2l = 2A + 6B + 2C \tag{1.2}$$

从方程(1.1)和方程(1.2)可以得出，二阶近似的均质固体的非线性特征由5个常数来确定。常数中有2个是线性的——即全面压缩模量 K 和移位模量 η，另外3个常数则是非线性的。因此选择了三阶模量 A、B 和 C[7]。二阶近似弹性非线性理论和适应于该理论的介质被称为5常数[7,8]。如果想研究均质介质第三阶的最小数值，则需引入第四阶的4个模量，以此类推。由于计算的复杂性，最常被用到的还是所研究介质的5个常数。还应当指出的是，在弹性5常数理论中，应力和形变之间存在着一致关系，同时还存在流动性、可塑性等现象，我们将其排除在外，不予研究。

固体运动方程表示为[7]

$$\rho_0 \frac{\partial^2 u_i}{\partial t^2} = \frac{\partial \sigma_{ik}}{\partial x_i}$$

式中：$\sigma_{ik} = \mu$，它是广义应力张量的组分。

σ_{ik}具有以下的比例关系，即

$$\sigma_{ik} = \mu\left(\frac{\partial u_i}{\partial x_k} + \frac{\partial u_k}{\partial x_i}\right) + \left(K - \frac{2\mu}{3}\right)\frac{\partial u_l}{\partial x_l}\delta_{ik}$$

$$+ \left(\mu + \frac{A}{4}\right)\left(\frac{\partial u_l}{\partial x_i}\frac{\partial u_l}{\partial x_k} + \frac{\partial u_k}{\partial x_l}\frac{\partial u_i}{\partial x_l} + \frac{\partial u_l}{\partial x_k}\frac{\partial u_i}{\partial x_l}\right)$$

$$+ \frac{K - \frac{2}{3}\mu + B}{2}\left[\left(\frac{\partial u_l}{\partial x_m}\right)^2\delta_{ik} + 2\frac{\partial u_i}{\partial x_k}\frac{\partial u_l}{\partial x_l}\right] + \frac{A}{4}\frac{\partial u_k}{\partial x_l}\frac{\partial u_l}{\partial x_i}$$

$$+ \frac{B}{2}\left(\frac{\partial u_l}{\partial x_m}\frac{\partial u_m}{\partial x_l}\delta_{ik} + 2\frac{\partial u_k}{\partial x_l}\frac{\partial u_l}{\partial x_l}\right) + C\left(\frac{\partial u_l}{\partial x_l}\right)^2\delta_{ik}$$

上面的表达式称为胡克定律的一般表达。运动方程与其组合，变换后可得到下面的式子，即

$$\rho_0\frac{\partial^2 u_i}{\partial t^2} - \mu\frac{\partial^2 u_i}{\partial x_i^2} - \left(K + \frac{\mu}{3}\right)\frac{\partial^2 u_j}{\partial x_j \partial x_i} = F_i \tag{1.3}$$

式中：F_i 是体积力的第 i 个分量，是坐标内相对位移派生的二阶最小值。

方程(1.3)和边界条件、初始条件一起构成了弹性5常数理论的基础。由于几何非线性和胡克一般定律的非线性，因而方程也是非线性的[7,11]。弹性5常数理论与线性理论一样，也假定在所研究的介质中的任何一个点都处于理想的均质状态。然而不均匀性的存在，还是会对三阶弹性模量和所记录波场的参数产生影响，这也可以为所研究介质的构造提供一些补充信息。

1.2　机械非线性

可控震源激发平板与土壤半空间相互作用形成的现象属于机械非线性。二者相互作用的结果是在振动记录中出现了谐波和次

谐波组分。在用现有的标准方法对所获资料的品质进行评估时，谐波和次谐波的存在是人们不希望看到的，它们的出现会降低所记录波的振幅和分辨率。然而从地震谐波非线性角度来看，谐波和次谐波则被认为是波场的组成部分，携带着一些有关介质的有用信息。因此，从这个角度来看，非线性波相对来说也是有用的。

液压可控震源产生的地震波在激发过程中会出现非线性成分，形成的原因有以下两种：在传递对介质的力时，可控震源激发平板与土壤相互作用；在可控震源激发器形成变化的作用力时，会引发可控震源液压机械部分产生非线性过程。

平板连同传动杆、活塞、液压缸（重锤）形成一个完整的机械系统，由力的内部变量驱动。当活塞和平板向一个方向运动时，重锤则会向另外一个方向运动。最后如果重锤可以从中间位置向上或向下自由运动，那么活塞连同平板将受对其产生阻力的土壤的限制，因为可控震源是弹性形变的工作模式。当计算可控震源的结构时，活塞和气缸（活塞行程）相对位移会作为参数之一，且应具有最低频率。鉴于此，当频率增加时，活塞行程则以其平方倍数减小，在高频率情况下，活塞和气缸的相对位移足够大。对于许多可控震源结构来说，在低频时该值可能达到 4 ~ 5cm，并且在所有情况下，它超过了土壤的弹性形变的极限。

由于惯性质量可自由地上下移动，而活塞连同激发平板的运动却受到限制，这就导致了受激振荡的失真：它们变成不平衡的复杂的高次谐波。失真的水平是由活塞行程和工区土壤压缩特点确定。随着振动频率的增加，激发平板位移振幅却不断减小，从某一个频率开始达到平衡，然后会低于岩石土壤的弹性极限。随着频率的增加谐波水平会降低，这个事实已为试验所证实（图 1.2）。

周围土壤对可控震源激发平板对加诸于其身的或“正”或“负”的不对称作用也会产生谐波。当施加一个正向作用时，土壤会产生一个附加的荷载，而施加一个负向作用时，荷载则会部分消失。

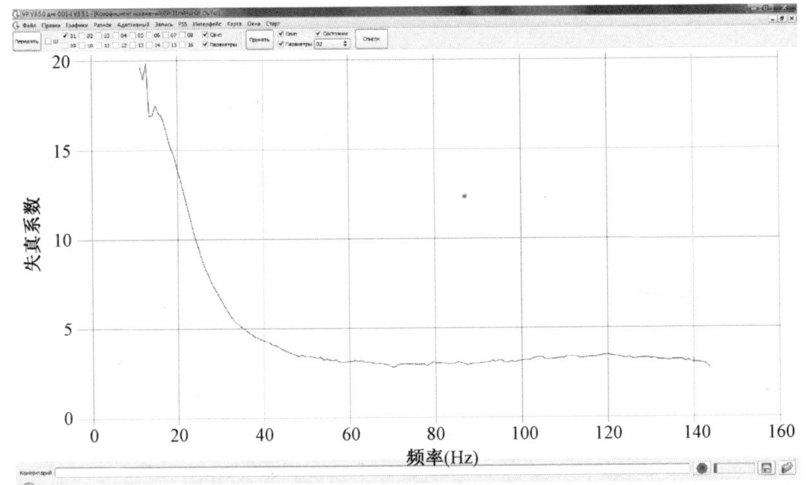

图 1.2　激发振动非线性失真系数与频率的关系

在应力和形变呈非线性依附关系时,不同方向的作用会导致可控震源激发程度出现差异。

非线性失真的另一个原因出现在液压可控震源转换器中,通过滑阀边缘的液体流量和液压缸空腔压力的增大与滑阀入口的电信号和工作的组成成分的位移呈非线性关系。由于可控震源激发器输出信号与输入信号的差异,导致了波出现非线性失真现象[4,11,14]。在分析放置在可控震源激发器重锤和平板的加速度或速度传感器上发出的电信号的基础上,可以对与液压传动装置工作相关联的高频谐波的强度进行评价。

非线性失真程度曲线的分析如下[4,14]:

(1)在低频部分可观察到严重的非线性失真。

(2)随着频率的增高,失真程度逐渐降低。然后,因可控震源振动激发器通道内液体的流动而产生失真,失真程度会略微有些增强。

2 声波测井波场的非线性现象

前面已经指出，波在实际的地质介质中传播时，具有非线性的、“异常”的特征。此处和后面用到的术语“异常”，是指不在地质介质传统认识框架内的一些现象。

更加详细的“异常”现象可以在超声波测井、实验室物理模拟和地面地震数据分析中观察到。涵盖范围如此广泛的勘探方法和相关现象有一个共同的特点，即在各种情况下，我们所观察的效应的值与介质孔隙度和渗透性的程度、液相相对于岩层移动的能力之间均存在关联性。基于此，就有可能在更宽广的频带上，讨论波与波之间和波与渗透介质之间存在的非线性相互作用的统一机制。

在对实验材料进行描述之前，还需要指出，在使用“非线性”一词来解释激发短脉冲信号（激发脉冲信号的方法在所有的实验中均会用到，包括本章）所产生的效应时，乍看之下似乎并不正确。事实上，如果借用物理非线性声学中的“经典”概念，那么非线性的出现就变得比较容易理解。借用这个概念，“非线性”效应首先在倍频波、次谐波和复频波频谱图中出现。

事实上，有充分的证据表明，在初始宽频带脉冲中想辨别区分出上面提到的频率是非常困难的。而如果使用意义更为广泛的地震和声波测井的非线性来解释，就可以很容易地消除这样的矛盾，地震和声波测井的非线性表现在以下几个方面：

（1）当信号源发射的信号振幅发生变化时，介质响应的振幅哪怕在介质局部范围内或即使从一个频率范围到另一个频率范围都会以另一种比例变化。

（2）信号能量从一个频带向其他频带转移，转移规律不一定与发射探头的信号对应为倍频波、次谐波和复频波。

(3)介质在声学方面的活性,即在振动过程中转移部分内能的能力不取决于施加其上的波场。

2.1 渗透介质声波测井中点测时的波场

声波测井时磁致伸缩源在钻孔的钻井液中振荡产生单位能量为 10～20W/cm^2 的纵波。该波传播扩散至井壁,进而激发介质中的纵波、横波、兰姆—斯通莱波,分别对应为 P,S 和 L。在发射探头到接收探头之间,当这些波在井内液体中传播时,会形成被接收探头压电晶体记录下来的波。从中我们可以推测出:在井壁产生的与波转换有关的失真相对于波场在井筒周围介质中的失真要小得多。纵波的传播速度从在多孔砂岩中的 3000～3500m/s 到在密度大的碳酸盐岩和岩浆岩中的 6000～7800m/s。横波的速度大约是纵波速度的 0.6 或 0.7 倍。瑞利波和兰姆波的传播速度则更慢。

下面介绍声波测井激发及记录的波场特点。

图 2.1 展示的是位于乌兹别克斯坦处于同一时期(侏罗纪)且地质动力学条件基本相同的石灰岩地层的测井波形图和频谱图(地层深度为 2500m 至 2800m,温度 60℃～80℃,地层压力 300～350atm)。差别只在于孔隙度和渗透率不同。通常来说,岩石孔隙度和渗透率之间没有相关关系。关于这个问题,我们可以用材料二次填充介质孔隙的方法来解释。填充的材料可以是黏土,或孔径非常小,毛细结构完全被束缚液填满。经典的例子是黏土,它在孔隙度为 40% 或以上时,在大多数情况下没有渗透性。然而,此处引用的例子却不是这样的。这里研究的是“纯”的,非泥质化的颗粒——多孔结构石灰岩,该类型岩石的渗透性一般由孔隙的大小和它们的相对体积来确定。这种碳酸盐沉积物在孔隙度为 1%～2% 时不具有渗透性。随着孔隙度增大到 15%～17%,渗透率线性增大至 250～300mD。

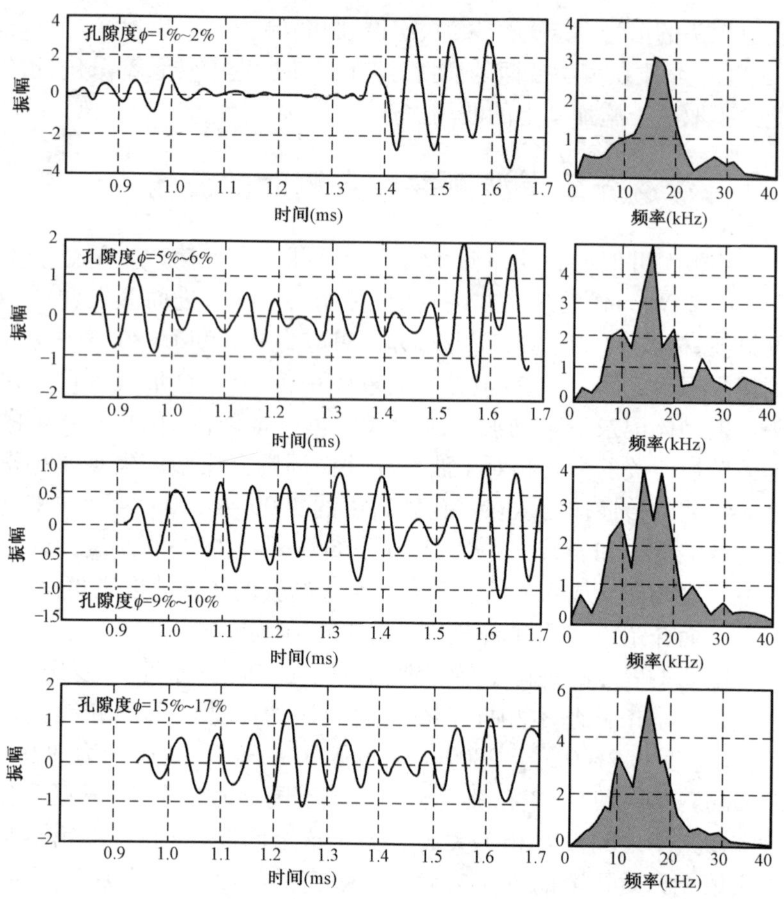

图 2.1　波在具有不同孔隙度和渗透率的石灰岩中传播时，纵波振动速度振幅—频谱关系图和声波测井波形图

密度较大，非渗透性石灰岩（孔隙度 $\phi = 1\% \sim 2\%$）的波形图是非常“经典”的，在纵波 4 个周期的记录中，钟形脉冲初至出现的持续时间为 150μs，然后在 150～200μs 时间段振动出现缺失的现象。其后观测到很强的横波，在孔隙度达到 5%～6% 时，在纵波和横波的空隙间会出现振动，在“经典”波形图中这种振动的性质并不

清楚，但它的振幅与纵波的振幅初至相当。然而，随着孔隙度的逐渐增大，“奇怪”的脉冲振幅开始与纵波（$\phi = 9\% \sim 10\%$）的振幅相当，当孔隙度达到 15% ~17% 时，脉冲振幅会超过此时的纵波振幅。

尝试用波在非均质介质中的散射和在介质内部边界产生的绕射和反射来解释所观察到的现象是没有说服力的。事实上，迟来的振动的振幅不可能高于产生该振动的主要脉冲的振幅，且在任何情况下也不可能会比密度大的、非渗透的同一类岩性的介质的振幅大。而图 2.1 中波场的其他参数完全符合之前的理论预测：横波的振幅随着孔隙度的增大而减小，波的传播速度也随之减慢。

必须要指出的是，图 2.1 中的现象绝对不是例外和罕见的现象。图 2.2 是关于纵波初至出现到横波出现的时间窗口内时振动速度的平均振幅与碳酸盐沉积物孔隙度之间的关系。数据本身来自乌兹别克斯坦 4 个油气田的数十个研究对象（地层和钻井）。

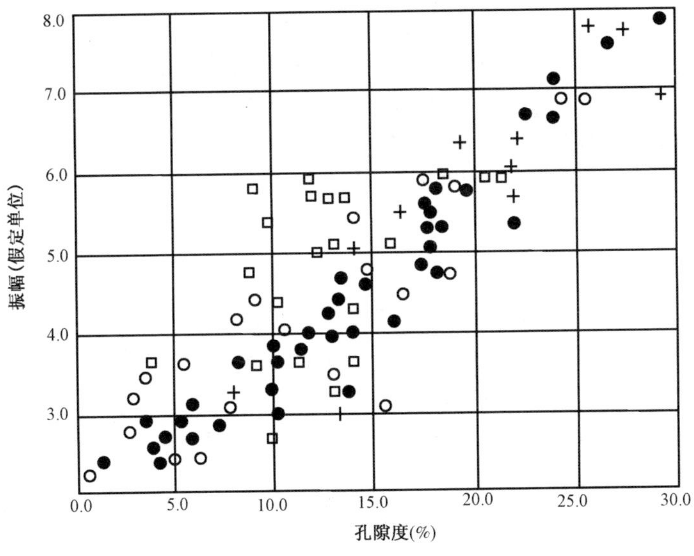

图 2.2　声波测井纵波振动速度平均振幅与储层孔隙度的关系

从传统的线性理论来看，图 2. 2 中的对比是异常的。按照这个理论，孔隙度增加即表示介质非均质性的增加，同时应伴有吸收的增加。而所观察的现象却正好与之相反，这一事实在前面非随机采样的波形图中也已得到确认。图 2. 2 中的相关对比表明，纵波时域内信号平均振幅与孔隙度的关系紧密，测量有代表性的次声波样本相互关联系数达到 0. 90 ~ 0. 95。

这样的事实就使得我们可以讨论观察到现象的一些规律。也就是说，可以讨论导致多相异构介质出现的补偿吸收现象，以及导致振动随孔隙度和渗透性增大而增强的声波传播过程的性质。

很快发现，“奇怪”的波束在它第一次出现在转换横波出现的这个时域内时是不可以与那些“独立”类型的振动混为一谈的，其中也包括“次声波”。这些波组的视速度可用包络的极大值之间的时差来测定，是偶然的，与波束传播介质的特性没有相关性。根据上面的设想，这些波应归入到多孔介质中发生非线性波的类别。

在多孔可渗透的岩石中，声波的增强并不总会明显地表现在时域里。在波形图 2. 1 中，用长的声波探头（在这个例子中，发射至接收间的距离为 4m）可以很好地在纵波横波波束转换时间段内分辨转换纵波与横波。良好的辨识度可以帮助我们准确确定声波探测的长度（即发射探头与接收探头之间的距离，此处是 4m）。然而，异常情况在波谱的各个频率带中都会出现。图 2. 1 是关于从纵波第一次出现到横波第一次出现期间的频谱图。可以发现，当源共振频率为 15kHz 时，在 6 ~ 11kHz 频率带内振幅会随着孔隙度（渗透率）的增大而增强。

图 2. 3 展示的是弱渗透性的厚层泥岩（图 2. 3a）和渗透性的砂岩（图 2. 3b）的声波测井波形图和频谱图。其中，各项参数如下：探头长 1m，发射脉冲长度为 900ms，源共振频率为 6kHz，P 波和 S 波传播速度为 4000m/s 和 2800m/s。在这样的条件下，转换纵波脉冲之后，立即出现横波，随后是兰姆波和斯通莱波。纵波脉冲在波形

图上从 a 到 b 有小幅失真，但频谱图左半部分(0～3kHz)振幅会增大约 4 倍，此时的低频组分甚至超越了源共振信号(5～7kHz)的振幅。需要补充的是，描述的最后一个示例中的两个波形数据取自于一个小的井段长度(长度不超过 4m)。

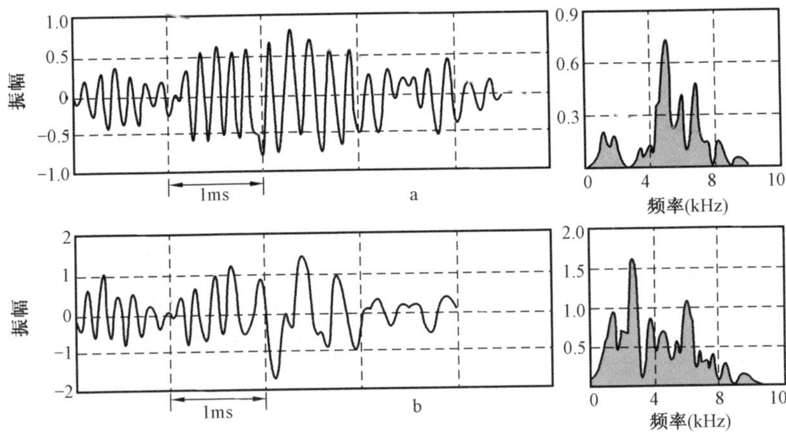

图 2.3　弱渗透性厚层泥岩(a)和渗透性砂岩(b)中纵波振动速度振幅—频谱图和声波测井波形图

上面的例子表明，储层附近区域孔隙度和渗透率的增加会导致以下的结果：(1)转换纵波脉冲失真；(2)转换纵波脉冲时间延长；(3)有时会导致峰值和平均振幅的增大；(4)始终会导致相对于基本共振信号而言的低频组分的增多。

如上所述，产生这种效应的原因可用非线性现象或其他一些因素来解释，例如：微观非均质介质会优先吸收高频组分；井区附近径向辐射的非均质性；水平界面的反射；钻井工具在井筒内发生的“倾斜”等。

在这里，优先采用非线性现象来解释，以此理论为基础引入了下面的例子。

图 2.4a 是关于白云石纵波波形图和振幅—频率频谱图。在频

谱图中，再次划分了从纵波第一次出现到横波出现的时间间隔。与以往的例子不同的是，此处引入的是一组波形图，是分别在距离发射探头 1.2m 和 1.6m 的位置获得的。

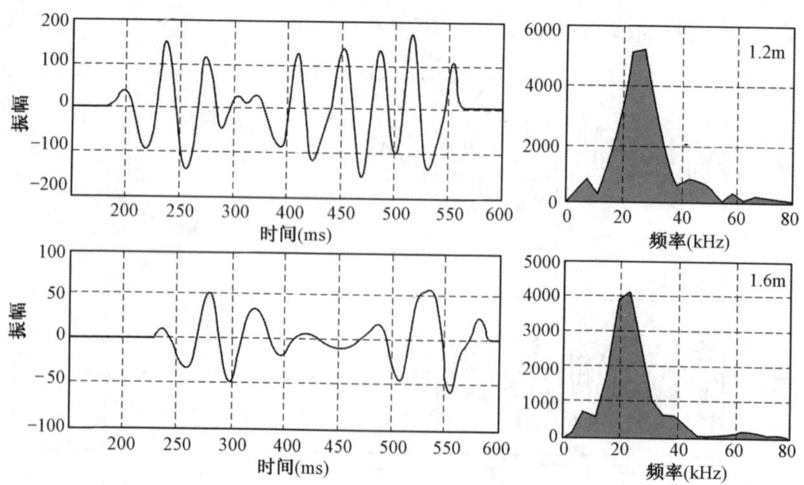

图 2.4a　在震源与接收探头之间距离不同时，高密度非渗透性白云石振幅—频谱图和声波测井波形图

该例中的波场与图 2.1 中密度大的石灰石的波场类似，区别在于两图中的探测长度不同，这导致在纵波横波波束转换时间段内的辨识度不够理想。以时域内纵波振幅峰值来衡量的振动对数衰减率是 $-0.84m^{-1}$，在频谱域中的值是 $-0.64m^{-1}$。脉冲和波谱图形没有因距离而变化，只有它们的频率稍微有些降低。在波谱域观察到衰减与距离和频率之间的一般联系。

图 2.4b，c 记录的是一组裂隙结构（孔隙度为 5% ~7%）的渗透性白云岩的波形图，在此图中介质表现出来的是另外的一种特点。首先是脉冲对“钟形”形状的偏离，位移达到最大的时间更长。与此同时，随着波传播距离的增加，脉冲的形状也在发生变化。在频谱图的时域范围内（振幅最大的时候），在 $-0.15m^{-1}$（图 2.4b）和 $-0.19m^{-1}$（图 2.4c）的频谱域范围内脉冲衰减的过程也呈现异

常性。在25kHz脉冲基本频率区域内衰减为零,这比前面例子中的值小,且信号平均值也低于前面例子中的值。

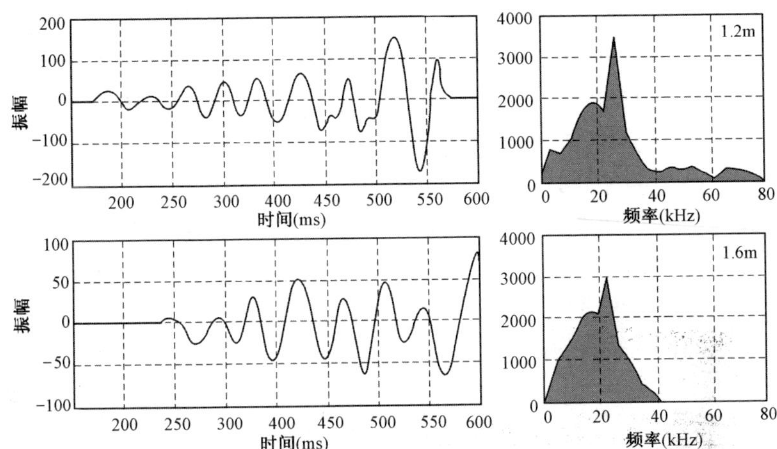

图2.4b 在震源与接收探头之间距离不同时,渗透性白云石振幅—频谱图和声波测井波形图

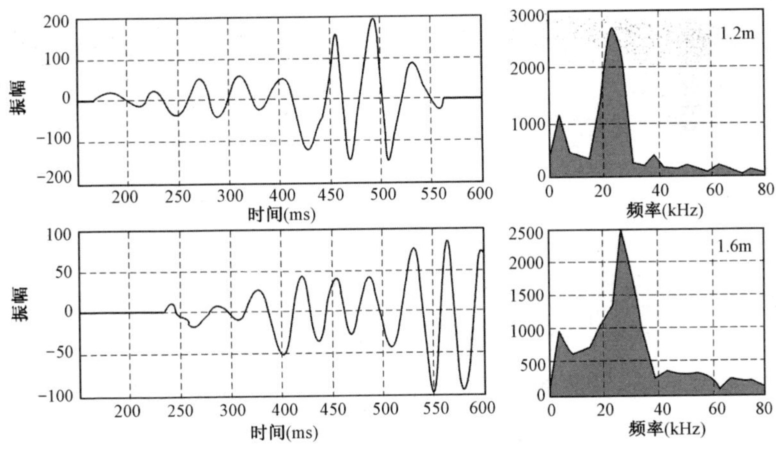

图2.4c 在震源与接收探头之间距离不同时,渗透性白云石振幅—频谱图和声波测井波形图

在频谱图中，当发射共振频率为 25kHz 甚至更高时，随着距发射探头距离的增加，振动振幅不断衰减，我们观察到低频振幅随着波传播距离的增加而增大。需要指出的是，在这个例子中振幅的增大是绝对的，也就是说低频组分随着距离的增加而增多。在图 2.4c 的例子中在 0 ~ 20kHz 频率带内这种增长的平均值达到 150%。

到目前为止，已将声波信号波谱和振幅的异常与介质的孔隙度和渗透性的变化联系在了一起，但并未将孔隙度和渗透性二者区分开来进行研究。如上所述，在多数情况下孔隙度和渗透性之间是不存在相互对应关系的，例如用黏土对裂隙进行二次填充的试验。孔隙度为 5% ~7%（如前面的例子）的白云岩被灌浆处理后的波形图请看图 2.4d。

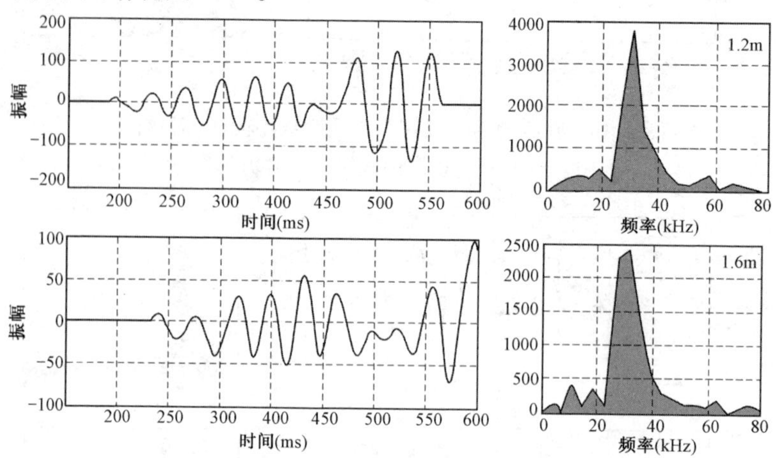

图 2.4d　在震源与接收探头之间距离不同时，裂隙结构的非渗透性泥浆压入白云石振幅—频谱图和声波测井波形图

十分明显，纵波随着传播距离的不断增加，脉冲图形也发生了改变。另外，频谱图中的非线性失真也比在“纯”渗透性介质中的失真程度低。可以说，孔隙度和渗透性这两个因素对我们所研究的非线性失真效应的值有着最根本的影响。

上面描述的现象在碎屑岩沉积物测井中也有发现，图 2.5a，b 是东西伯利亚地区含油砂岩的波形图和频谱图。

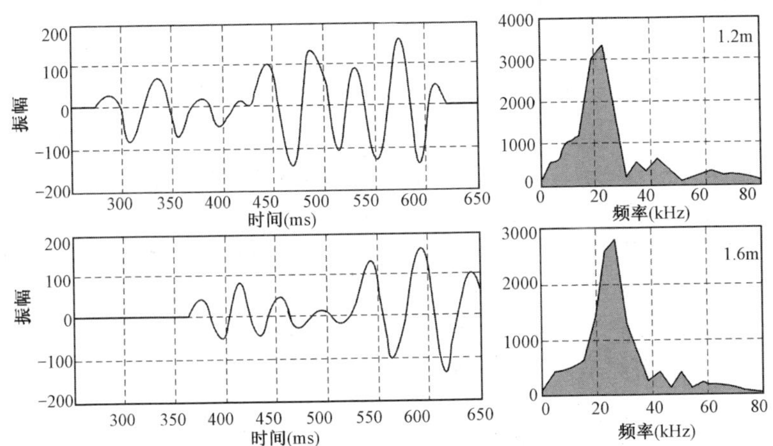

图 2.5a 在震源与接收探头之间距离不同时，非渗透性泥质沙岩振幅—频谱图和声波测井波形图

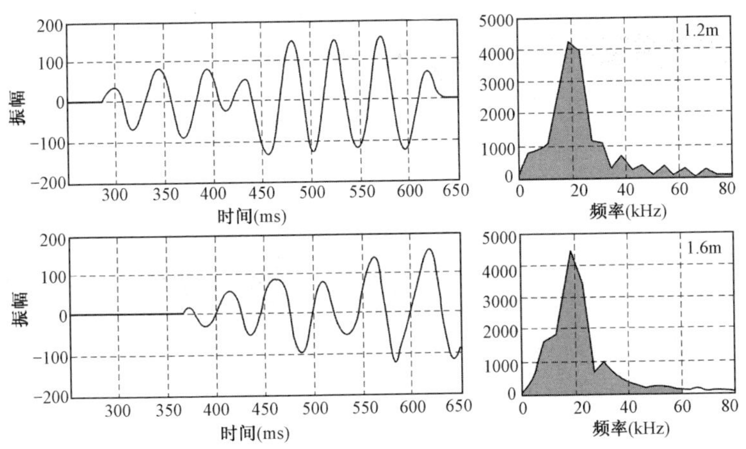

图 2.5b 在震源与接收探头之间距离不同时，渗透砂岩振幅—频谱图和声波测井波形图

在频谱图左半部分(0 ~ 15kHz)范围内,在非渗透性泥质砂岩中能量重新分配的效应并不存在(图 2. 5a),但在渗透性的介质中(图 2. 5b)该效应则有所体现,如碳酸盐储层。此处泥质砂岩和渗透砂岩的总孔隙度是一致的,大概为 12% ~ 15%。波形图中的变化由孔隙中泥质含量不同而导致介质渗透率的变化来确定。在第一种情况纵波脉冲波形在距离发射探头不同距离的位置上保持了钟形形式,而在第二种情况随着波传播距离的增加出现了第三周期和第四周期波的增强。

该例子中与东西伯利亚地区储层的波形图和乌兹别克斯坦的碳酸盐沉积物的情形类似,取相同的一个深度段,也就是说,岩石埋藏的地质动力学条件,储层的年代和储层性质相比,区别不大。另外,我们还要再次确认一个事实,即我们引用的岩石性质相对于一般类别的渗透性介质来说是典型的,而与所研究区域的储层条件、研究的区域没有关系。

所引用例子中关于渗透性、孔隙度、岩性和井筒周围空间结构的相关信息是通过对岩心和测井资料研究而获得的。

在上面所有的例子中,我们对在钻井空间中随着介质孔隙度和渗透性的增加,振幅在频谱图低频部分增长的情况进行了关注。然而,我们应该更多地研究这种现象出现的本质。声波[7,8]相互作用的结果之一就是出现复频波。这样,如果两个单频波在非线性介质中传播,频率分别为 F_1 和 F_2,且 $F_1 > F_2$,这样就可能会出现叠频为 $F_1 + F_2$,差频为 $F_1 - F_2$ 的频率波。频率为 $F_1 + F_2$ 的波对应的是高频,更容易出现衰减的现象。频率为差频的波对应的是低频,不容易受到频率依赖性吸收的影响。当 $F_1 - F_2$ 的值非常小时,差频值会非常小,而由于受记录通道的频率特性的制约,差频记录的难度有所增加。

如果不采用单频波,而是脉冲探测,情况会更复杂一些。假设在 $F_1 - F_r$ 之间任取两个频率 f_1 和 f_2,F_1 和 F_r 分别是脉冲基本频带左右侧的边界(对于图 2. 5a,b 来说,范围为 15 ~ 30kHz),f_1 和 f_2

这两个频率可以形成频率为 f_1-f_2 的差频,我们会获得右边界限为 F_r 的差频频带,左边记录通道振幅频特性受频率制约。类似的效应我们在上面的例子中也已经观察到。

2.2 渗透介质声波测井中连续测井时的波场

如上所述,本章上一节中试验的结果是通过具有一个超声波发射探头和两个接收探头的三元井下探头获得的。这种测量系统只能在同一时刻记录介质上不同两点的波场,但不能连续记录随时间和发射探头距离的不断变化,从而增加波场分析的难度。为了更准确地研究渗透性对储层波场的影响,我们详细地分析了用法国 CGG 地球物理公司为北非碎屑岩储层研制的 48 道 EVA 测井仪器所获得的资料。并对从发射探头到接收探头之间 1 ~ 12m 距离内以 0.25m 为计量单位获得的波谱进行分析。对于弱渗透性的厚层泥岩和渗透性砂岩的一组波形图在图 2.3a,b 中已展示过。

图 2.6a 至图 2.6c 是从发射探头到接收探头的 2 ~ 6m 范围内的频谱图和该频带信号各组成频率的变化。与频谱图 2.3 不同,从初至到横波出现的窗口时间段内记录经过傅里叶变换。在该例子中,发射探头与接收探头之间最短距离为 2m,这个距离是以纵波在时间上的分辨来确定的。最大距离(6m)则由可接受的信噪比来确定。

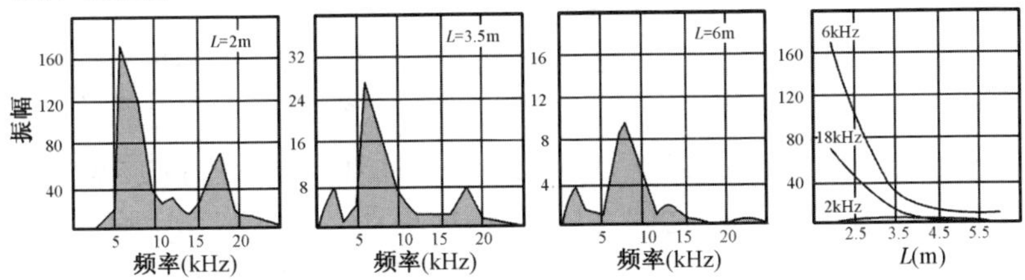

图 2.6a　在距离震源 $L=2m$,3.5m,6m 时,声波测井纵波振幅—频谱图,以及在非渗透性黏土中频率为 6kHz,18kHz 和 2kHz 时,在 2 ~ 6m 范围内的振幅变化

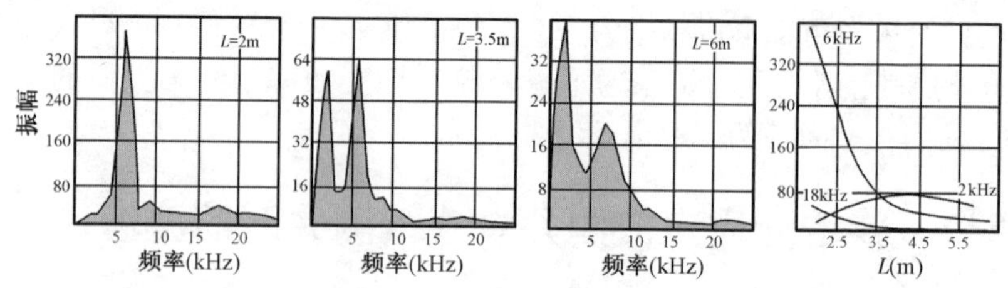

图 2.6b 在距离震源 L = 2m,3.5m,6m 时,声波测井纵波振幅—频谱图,以及在渗透性粉砂岩中频率为 6kHz,18kHz 和 2kHz 时,在 2 ~ 6m 范围内的振幅变化

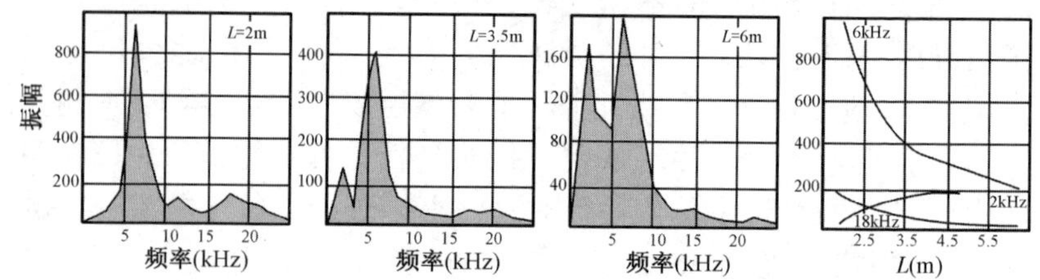

图 2.6c 在距离震源 L = 2m,3.5m,6m 时,声波测井纵波振幅—频谱图,在渗透性砂岩中频率为 6kHz,18kHz 和 2kHz 时,在 2 ~ 6m 范围内的振幅变化

图 2.6a 是当频率为 6kHz(探头的共振频率)、18kHz 和 2kHz 时的频谱图和波的振幅变化。这些资料是通过将井下探测工具置于不透水的厚层黏土中获得的。我们通过对声波测井资料分析,第一次观察到了频谱图中的谐波构成成分:18kHz——基频的第三谐波。

当距探头 2m 时,第三谐波振幅在脉冲基频振幅中占据 40% 的比重。当波在 2 ~ 6m 之间传播时,该振幅衰减速度为初始速度的 4 倍。在到达 6m 的位置时,在频谱图中已经观察不到该振幅。

在频谱图的左半部分,0 ~ 3kHz 的频带内的情况则与上面相反,在 2m 的位置还没有观察到基频区域出现上面例子中已经观察到的能量再分配的信号。从探头到此处的 2m 范围内，频率为 2kHz 的振幅占据基本振幅的 2.3%。在此之后，振幅的增长呈现相对和绝对的态势。2kHz 的振幅在 4m 处达到最大值，比例占探头共振频率振幅的一半。而后，该振幅开始衰减，但速度比 6kHz 衰减速度慢，在 6m 处其所占比例是原来的 20%。

上一节中我们就频谱图中信号的非线性再分配与介质的渗透性之间的关系给出了结论。虽然最后一个例子看起来好像与这个结论相悖——该试验中用的介质是泥岩，且习惯上我们认为它是非渗透介质。但我们必须要注意两种情况。

(1)能量在泥岩中的一般吸收值是很大的——在频率为 6kHz 的时候(约为 160 假定单位)振幅最大值约是粉砂岩的 1/2、砂岩的 1/5(请看图 2.6b,c)。在此条件下，所有振幅均低于 20 假定单位，只略微超出噪声的程度。基于这样的关系，该例子中关于低频成分对于黏土的作用的相关结论可能并不是十分准确。

(2)泥岩与上文提到的碳酸盐岩和致密砂岩不同，它并不是很固结的介质。另外，此处提到的与相对结晶粒子而言的液体位移有关系的非线性机制不如弹性波场内颗粒间接触的非弹性滑动所产生的非线性效应。由此可见，固结介质和塑性介质之间具有原则上的差别，在第三谐波的发生中表现得十分明显。

下面的例子是波在渗透粉砂岩介质中传播时频谱图的演变(图 2.6b)。

在这个例子中，在 3.5m 的位置第三谐波几乎已完全衰减，在距离探头 2m 的位置时，则占基频的 10%。低频组分在距离探头 2m 的位置时，所占比例为基频振幅的 1/40，这一点和前面例子中的情况一样。然而从绝对数字来看，低频组分振幅的强度则是上一个例子中数值的 2.5 倍。当共振频率为 6kHz 时，在距离探头 3.5m 的位置时，低频组分振幅强度开始加强，在 4m 的位置达到最大值，然后开始减弱。通过试验，我们发现，粉砂岩的渗透性介于泥岩和砂岩之间。而从线性近似角度来看，波场低频分量行为异常是毫无疑问的。在4m的位置，低频组分因受脉冲基频能量的影响而明显地增强，然后一般吸收机制开始占据主导位置，也可以说在2kHz这个区域基频能量相对于振幅来说开始变得不足。

最后，我们开始关注波在渗透性更强的砂岩中传播时，频谱图的演变(图2.6c)。在距离探头2m的位置时，第三谐波的比例占基频的18%，然后以探头共振频率两倍的速度衰减。低频振幅在2m的位置时，所占比例是基频振幅的1/50。而从绝对表现来看，它的强度是在非渗透泥岩中的5倍多。然后沿着震源方向直至距探头6m的位置，低频振幅所占比例不间断地增大，这是同基频为6kHz的振幅相对比来考察的。

图2.6a，b，c中低频组分振幅的比例彼此不同，造成这种结果的原因是因为泥岩、粉砂岩和砂岩的吸收率各不相同。而从它们相对表现入手，可以更容易地分析波场中非线性组分的行为。图2.6d是相对基频而言的第三谐波和低频组分振幅在2～6m范围内的变化。

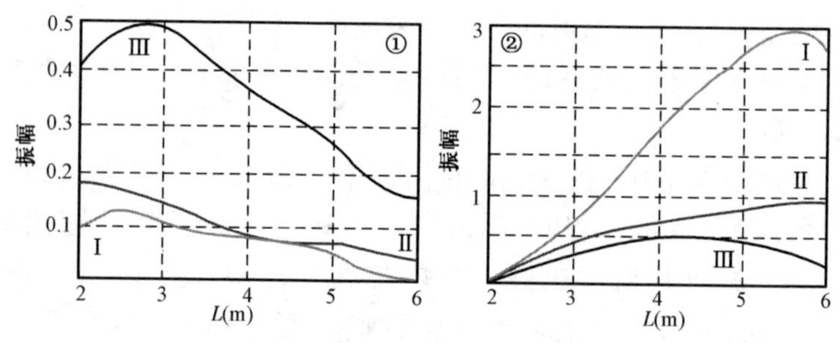

图2.6d　第三谐波振幅(①)和2kHz振幅(②)
与脉冲基本振幅(6kHz)之间的关系
Ⅰ—粉砂岩；Ⅱ—砂岩；Ⅲ—黏土

可以看出，在 2 ~6m 范围内，谐波和低频组分在曲线图上表现出来的行为完全不同。第三谐波振幅相对最大值出现在我们分析的波长的初始位置。然后它开始被吸收，吸收最强是在泥岩中（尽管在该介质中第三谐波最初振幅是最大的），吸收最弱是在砂岩中。对于 2kHz 波谱振幅来说情况完全相反，在起始位置，其振幅相对于基频振幅来说几乎少到忽略不计。但后来会慢慢增强，在泥岩中 4.25m 的位置，吸收的过程开始补偿振幅的增长，在粉砂岩中是 5.5m 的位置，对砂岩来说低频组分振幅相对增长延续到 6m 的位置。

还需要指出的是，波场中两种非线性组分发生的机制很可能不同，在纵波波场频谱图中低频振动的产生可能与岩石所具有的渗透性和液相相对固相位移能力相关。而高频方面，首先是谐波振动的产生，可能是固相本身的弹性并不够理想，黏弹性、可塑性和（或）未固结微观粒子非弹性相互作用的结果。

2.3 实验室试验

声波测井材料也会受一些次要因素的影响，如试验尺寸上的复杂性、因钻孔导致的井眼环境的变化、径向非均质性、流体相状态的改变等。针对这些因素的共同影响结果，对各个因素的影响进行具体分析是十分复杂的任务。除此之外，由于缺少准确的、独立的关于介质物理特性的资料，其中也包括关于自然矿层岩石渗透性的资料，这给分析上述各因素影响的实验研究增加了难度。

为了达到试验目的，我们尝试对“共同影响中的各个因素的作用”进行数学模拟。结果显示，图 2.1 和图 2.2 中提到的任何一种情形几乎都可以用“线性”进程的积累效应来理解。例如，在声波测井记录中记录下来的，且在时间上比初至波出现得晚，而振幅强度比初至波强的现象，可以通过导入已成功将速度和吸收变化法则联系在一起的近井区域径向非均质性来模拟。然而，研究人员发现了一些相互矛盾的地方。首先，与模拟参数分散性较大相对应的是我们所观察的波场在运动学和动力学上参数的微小变化。也就是说，这个任务在大多数情况下具有数学上的不稳定性。其次，即使我们仔细研究模型并将其优化，并能达到“成功”地与观测数据相吻合，也只有当大多数的可变参数明显地超出可能的物理限制时才可能实现。

为了解答上面提出的那些复杂问题，我们从复杂的矛盾中选取了一种简单可靠的解决办法，即物理建模。应用该方法，只需改变目标参数即可达到目的。在这种情况下，需要改变的参数就是有效的孔隙度和渗透率，同时将其他方面的差异降到最低。物理建模并改变参数是本小节的主题。

下面描述的实验中，前两个是使用压电换能器的震源和接收探头的试验，试验通过激发和记录共振频率为200kHz的超声波脉冲进行。震源是采用U形的交流电压电脉冲来激发的。在每个实验中，震源和接收探头之间的距离，相对于介质样品的相互定向和其他几何参数在试验过程中没有发生变化。实验同时保持恒定的环境温度（18℃至20℃）。

特别关注的是测量通道中的所有元素的频率特性。我们发现，在不同的工作模式下（例如，不同的输出强度），其特性的改变不超过2.5%。

样品的几何特性也几乎保持不变（尺寸60cm×60cm×20cm）。样品尺寸选择的依据是其厚度要不低于测量脉冲基频（共振频率）的几个波长。直线传播的纵波很好地解决了在P波和S波的侧表面上多重反射的时间问题。将震源和接收探头置入特制的水池中，并没入水中，以保证从水面和池子边缘反射回来的时间比记录区域的时间长一些。

波场的记录是通过每1μs记录一次的半自动模式的特殊模拟

数字转换器中以 1：1 比例将示波器屏幕中的照片转移到相纸上来获得的。

样品声学和渗滤特性参见表 2.1，波的传播用水饱和的样品。

表 2.1　样品的声学和渗滤特性

样品	密度 (g/cm^3)	P 波传播速度 (m/s)	衰减系数 (1/m)	孔隙度 (%)	渗透性 (mD)
水	1.0	1500	1.05	0（有条件的）	0（有条件的）
有机玻璃	1.16	2700	0.75	0	0
大理石	2.14	5500	0.5	2	30
石灰石	2.2	2400	2.2	17	400
贝壳灰岩	2.0	2100	9.7	40	1200

此处我们使用丙烯酸和水作为标准的连续介质，并认为它们不具有过滤性质。

2.3.1　实验 1

样品放置于震源和接收探头之间，且严格垂直于震源—接收探头的轴线，以保证轴线可以穿过模型的中心。从而排除转换横波、表面波形成的可能性，以保证在直达波与从样品端部反射回来的多重反射波之间的时间段内具有良好的辨识度。震源和接收探头到样品表面的距离是 20cm（约为 25 个 200kHz 波在水中的空间波长），这样，当波向接近样品表面的方向传播时，路径可以被理解为是平坦的。这样做的目的旨在处理掉任何可能造成负面作用的影响，获得渗透性介质在纯净状态下脉冲失真的画面。

图 2.7a 是关于初始脉冲信号在穿过震源到接收探头之间没有放置样品的 60cm 深水的相关情况。为了评估所测信道的非线性失真，我们在水中使用了两个信号。在激发第二个信号时，激发的电压脉冲增大了 6 倍（从 200V 变成到 1200V），这导致信号的振幅

增大了约4倍。逻辑上随着震源振幅的增加,实验的结论可以简单的归结为:如果说震源振幅增加 N 倍,而在所记录的点增加 M 倍,当 $M \neq N$ 时,对于所有信号或者单独的频率来说,它们或者属于震动测量系统,或者介质是非线性的。

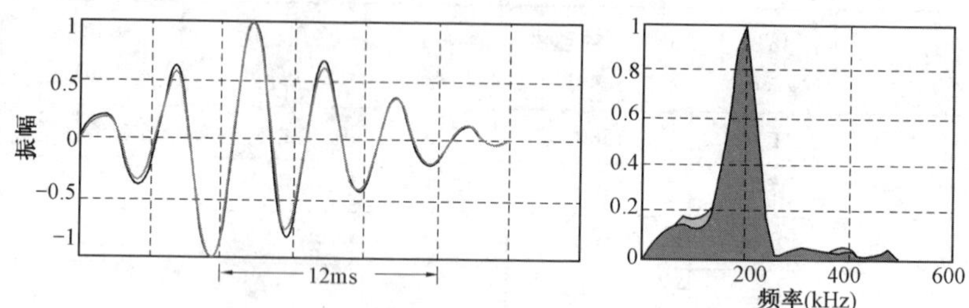

图2.7a　脉冲在穿过没有放置样品的水层时的形状和频谱图

假定单位脉冲振幅和波谱最大值,脉冲实际变化达400%

为了方便从视觉角度对振幅在时域和振幅频率方面进行对比,我们设定其最大值为一个假定单位。从图上可以看出,脉冲在形式上改变不大,在频谱图中,100~150kHz低频区域、叠频及倍频区域(350~450kHz)构成波谱的频率振幅有小幅地增大。这表明或者是压电晶体,或者是水在频率为数十万赫兹时出现了非线性特征。我们发现,在任何情况下,当波穿过样品时,所观察信号失真临界点是30%。

图2.7b是穿过大理石样品信号的形状和频谱图。在这个实验中,样品被放置在震源和接收探头的中间位置,与以前的实验一样,没有进行任何位置的改变和调整。在不同的电脉冲激发电压下,再次合成的信号强度会翻倍。

对比图2.7a和图2.7b后,我们发现,在这个实验中,如果将替代样品的水层当做“非渗透介质”,那么此时脉冲形式失真的特点与我们实验中讨论过声波测井中的非渗透性和渗透性失真特点类似。另外,在测井时观测到的具有钟形形状的信号在穿过渗透性介质时相对于非失真的脉冲，振动振幅在 80 ~ 140kHz 区间内增强了 4 倍(非失真脉冲指图 2. 7a 在水中的脉冲)。除此之外，基频波谱区域的宽度(200kHz 左右)增加了一倍，其中主要是向左边的方向宽度增加得更加明显。而同穿过大理石的信号的振幅相比，次谐波相对振幅没有发生变化。

石灰石对震源振幅的变化的反应极大的超过了实验控制的精度：在 40 ~ 120kHz 区域振幅的相对增长达到 400%，与此同时，在脉冲基频区域渗透性还保持在良好的状态。另外次谐波的振幅也有所改变，但改变比在大理石中要小，甚至比在没有样品的水层中改变还要小，几乎可以忽略不计。

最后，我们关注渗透性最强的样品——介壳石灰岩的实验结果(图 2. 7d)。

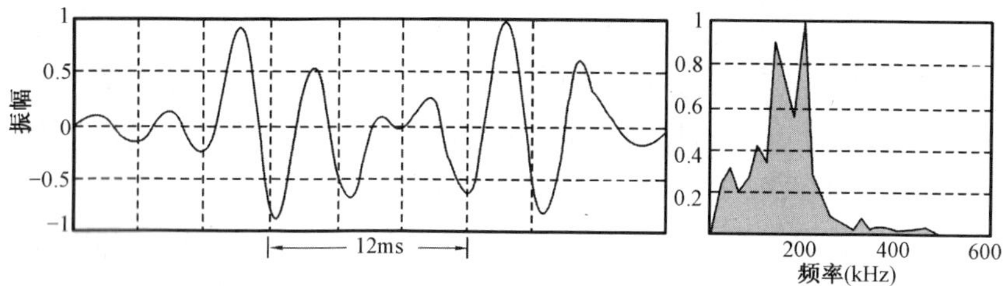

图 2. 7d　穿过介壳石灰岩矿层的脉冲形状和频谱图

与前面的 3 个实验相比，在介壳石灰岩中脉冲形状的变化持续变大。该实验中发射脉冲信号持续时间为 24ms(图 2. 7a)，脉冲一分为二，在 26ms 时出现包络最大值。低频带(20 ~ 180kHz)的相对振幅比前面 3 个实验数值都要大。但在该实验中我们没有观察到倍频。很明显，是介壳石灰岩吸收度很大的原因。基于此原因，导致我们无法跟踪记录震源脉冲振幅不同时所对应的各信号，为此我们不得不使用可激发的最大振幅来进行实验。

必须要指出的是，最后的这个样品——介壳石灰岩，与基频为 200kHz 波长相比，它内部的孔洞的尺寸并不符合非均质介质的要

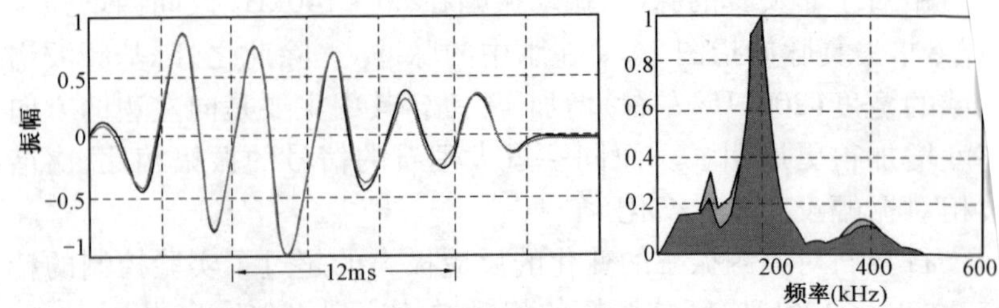

图 2. 7b　穿过大理石样品的脉冲形状和频谱

发生了形变，相对于第一和第二相位而言，振幅在第三相位和更大周期开始增强。在波谱区域增加的是低频组分（相对于谐频而言）。这样，在震源信号较弱的 50 ~ 150kHz 区域，相对振幅增加了 1.3 倍。而当相对振幅增强时，彼此之间的差异扩大到 50% ~ 100%。

图 2. 7b 表明，弱渗透性的大理石在探测脉冲共振频率为 200kHz 时比水更具有非线性性。除此之外，在与自身特点类似的没有样品的水层进行比较发现，在大理石样品频谱图中，当弱源信号倍频为 400kHz 时，振幅强度增加了两倍。

正如我们预期的那样，在渗透性更强的介质（如石灰石）中，失真的程度也会增加（图 2. 7c）。在时域中脉冲的第四相位变了，并在持续时间段内出现了超过激发信号波长的振动列（24μs）的现象。

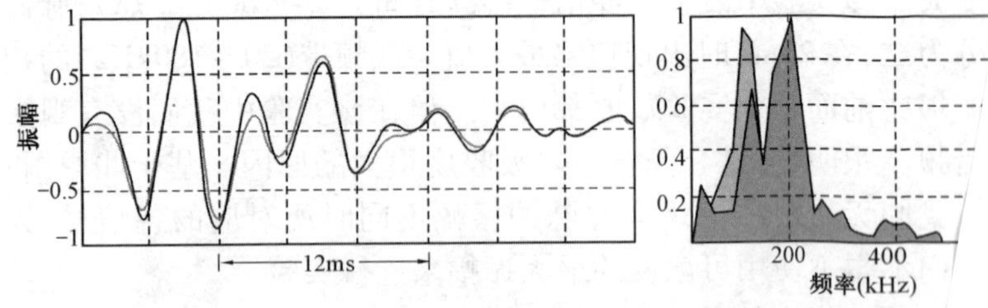

图 2. 7c　穿过石灰石样品的脉冲形状和频谱图

求的最低条件。如果大理石或石灰石中的微观粒子(和孔)的尺寸为从1μm至0.1mm的话,那么介壳石灰石一些大的石化变硬的壳和孔洞的尺寸能达到1cm。该尺寸几乎等同于波长。因此,在本实验中,我们还应该要考虑到频谱图中振动波波长中的一部分可能是非均质介质表面反射的结果(小于200kHz)。

表2.2是关于渗透性不同的岩石介质样品用可变的超声脉冲"透光"实验的结果。该表中列出了以两种模式激发的震源信号在穿过样品时信号的平均振幅(在3个频率带范围内)。在实验过程中振幅是以毫伏为单位给出的。

表2.2 不同渗透性岩石用可变超声脉冲"透光"试验结果

	0~500kHz 频率带			0~150kHz 频率带			150~250kHz 频率带		
介质	200V	1200V	增强倍数	200V	1200V	增强倍数	200V	1200V	增强倍数
水	7.6mV	30.2mV	3.97mV	5.0mV	23.5mV	4.7 (+18%)	25.2mV	92.1mV	3.65 (-8%)
大理石	3.4mV	13.7mV	4.03mV	2.6mV	13.5mV	5.25 (+30%)	8.3mV	30.1mV	3.63 (-10%)
石灰石	4.1mV	16.4mV	4.0mV	6.2mV	37.6mV	6.06 (+52%)	12.8mV	43.3mV	3.38 (-15%)
介壳石灰石		3.4mV			12.3mV			11.5mV	

百分比表示的是相对于0~500kHz频率带,各频带频率增强而发生的变化。

通过上面的实验,可得出以下结论:随着样品渗透性的增大,频谱图中低频部分的振幅会随着震源振幅的增加而相对增加,相应地,脉冲基频区域振幅则会相应减少。

按照作者的观点,我们在频谱图中观察到的波能非线性扩散的现象是足以让人信服的(一个频率振动的发生受其他因素的影响),而这种现象却不是吸收或散射的结果,尽管我们有观察到这些因素的一些影响。

通过对上述实验结果的分析,我们制作了一个简单的曲线图——0~150kHz 频带相对平均振幅、0~500kHz 频带(整个记录的频带)和 150~250kHz 频带(震源共振区域)平均振幅与样品的渗透性的关系(图 2.8)。

最后一张图,不需要额外的注释。

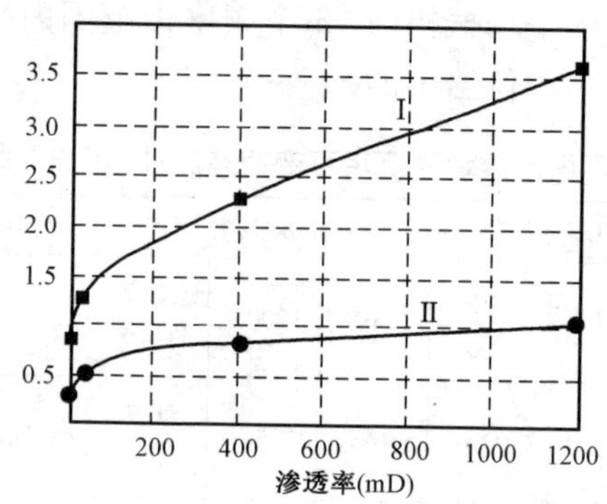

图 2.8 纵波在渗透介质中传播时,0~150kHz 频带平均振幅与 0~500kHz 频带(Ⅰ)和 150~250kHz 频带(Ⅱ)平均振幅的关系

2.3.2 实验 2

在下面这个实验中,关注的对象发生了改变。研究对象不再是前面实验中的信号,而是从样品表面到振动源和接收探头远近界面反射回来的脉冲。

实验操作方法与前面实验类似,首先将自激发振荡记录系统全部浸入水中,以保证水面和池壁的反射不进入记录的范围。震源和接收探头在实验中位置不会挪动,在它们中间会交替放入有机玻璃、大理石、石灰石等和与第一个实验中一样的样品。震源和接收探头之间的距离为 4cm,它们与样品近表面之间的距离为 20cm,选择依据是要保证波在水与样品接触面上波是法向入射的,这样可排除转换横波的影响。于是,我们对不同性质样品的信号和两次穿过水层及样品的脉冲信号进行比较。

图 2. 9a 是一对从有机玻璃样品表面距震源和接收探头的远近界面的反射脉冲和频谱。

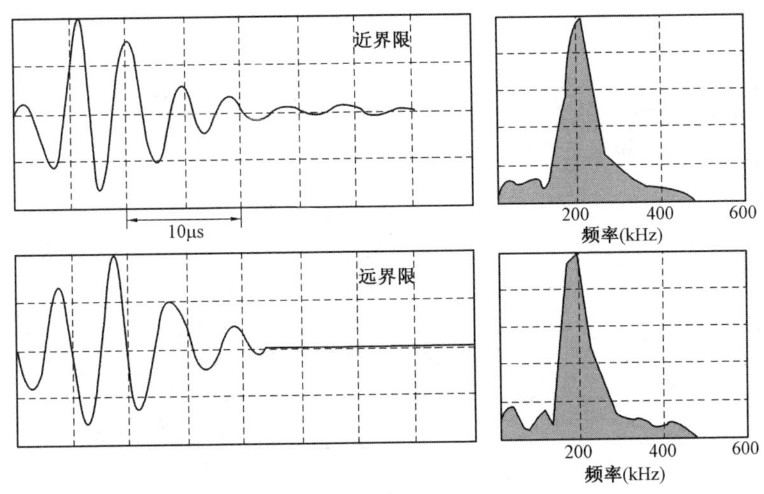

图 2. 9a　有机玻璃样品表面震源和接收探头远近界限反射的脉冲和频谱

和前面的章节一样,为了方便,从视觉上对信号和频谱图进行对比,我们还是将值设定为一个单位。信号绝对值请参见表 2. 3。从图上可以看出,信号形状和频谱图的改变不是十分明显,对于反射远界面信号,脉冲的极性发生了改变。同时,因为单纯的与频率有关的吸收导致脉冲频率有些降低,这种频率吸收程度在有机玻璃中要大于在水中(参见表 2. 1)。

图 2. 9b 是大理石样品的实验结果。从近界面反射回来的相对脉冲同上一个采用类似信号进行实验的样品(有机玻璃)相比变化不大。尽管在 0 ~ 120kHz 区域可以观察到相对振幅增长了近两倍。虽然该实验的任务不是研究反射信号的形成机制,但是这个问题还是可以用下面的情况进行解释:反射不是形成在厚度几乎

可以忽略不计的两种介质的接触面上,而是形成在本身具有不同性质的物体且尺寸有限的某个临近界面层,是对渗透介质频谱图中波能量在低频区域再分配的过程。可以认为反射来自不同性质物体的“表面”。

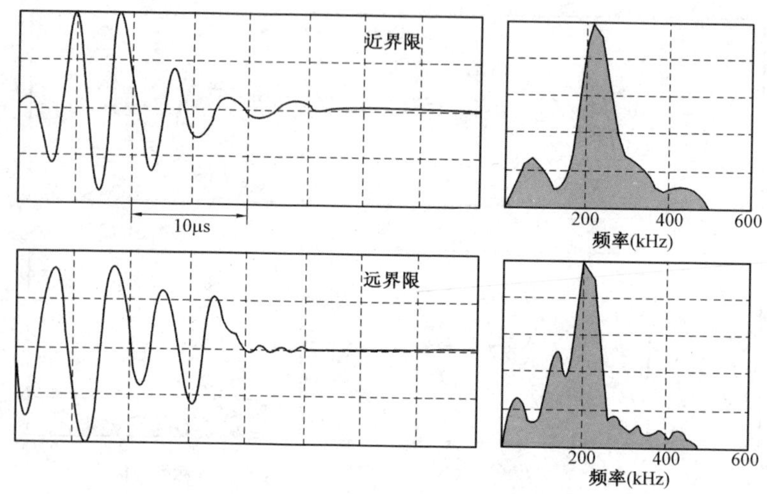

图 2. 9b　大理石样品表面震源和接收探头远近界限反射的脉冲和频谱

在频谱图中,从样品远界面反射回来的脉冲在形式上是有差别的。其性质的特点,我们已经不止一次地指出,与介质的孔隙度和渗透性有关。同信号的初始相位相比,信号的后续相位逐渐增强,最大包络位移出现的时间也更晚。在频率方面,在 0 ~ 150kHz 范围内,同近界面反射的振幅相比,远界面平均相对振幅值是其两倍,是有机玻璃样品反射相对平均振幅的三倍。

石灰石样品远近界面反射的变化要更大一些。从近界面反射过来的脉冲,形状更接近钟形。频谱图变得更宽,且右半部分(大于 200kHz)相对有所增强。此时局部最大值与高次谐频不相互对应。

从远界面反射回来的信号改变则非常大,频谱图也发生了一

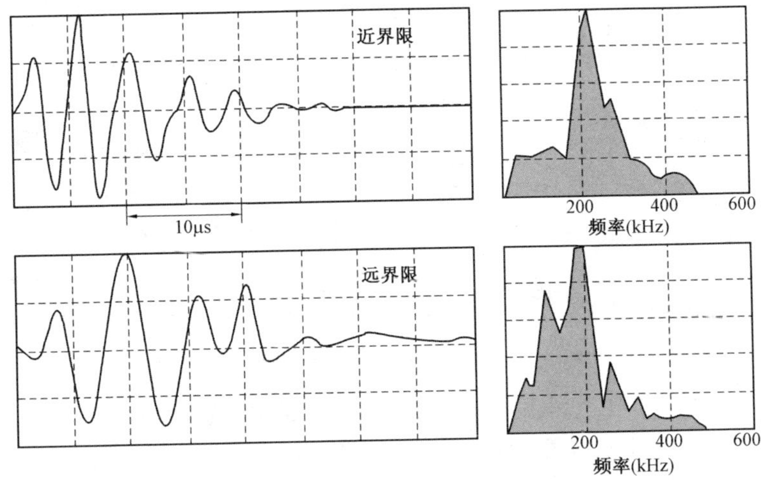

图 2. 9c 石灰石样品表面震源和接收探头远近界限反射的脉冲和频谱

定的变化(图 2. 9a)。波谱整个向左移动,右半部分出现了几个独立的极大值。

表 2. 3 是在 0 ~ 150kHz(低频)和 150 ~ 200kHz 区域(中频)记录的振幅,以及它们与 3 种不同样品之间的关系。但首先,我们还要再次关注随着渗透性增长,从左至右振幅的变化,而关于这个问题我们也已不止一次在上面的章节中提到过。

表 2. 3 不同样品的反射波振幅及其相互关系

介质	有机玻璃			大理石			石灰石		
渗透率	0mD			30mD			400mD		
频带	低频	中频	低频/中频	低频	中频	低频/中频	低频	中频	低频/中频
近界面反射(图 2. 9a,b,c)	4. 2	26. 1	0. 16	12. 1	57. 7	0. 21	8. 8	35. 0	0. 25

续表

介质	有机玻璃			大理石			石灰石		
渗透率	0mD			30mD			400mD		
频带	低频	中频	低频/中频	低频	中频	低频/中频	低频	中频	低频/中频
透过波（图2.7b,c）	11.2	66.0	0.17	13.5	30.1	0.45	37.6	43.3	0.88
远界面反射（图2.9a,b,c）	3.5	23.2	0.15	13.3	24.3	0.54	26.7	24.3	1.1

另外，从自上而下的角度来看，表2.3中从远边界反射回来的波很明显地由在样品中传播的波的路径长度来确定。对于均质非渗透性样品——有机玻璃来说，在实验精度范围内反射波与波传播的路径长度没有关系。而对渗透性大理石和石灰石而言，二者关系则呈现单调递增的特点，这个特点在我们通过声波测井方法进行实验时也曾观察到。

本实验的优点是采用了真实的矿物学中的岩石样品。然而由于在大理石、石灰岩和介壳石灰岩中吸收值的巨大差别，导致我们无法对不同频率带内振幅的绝对行为做出结论，因此不得不进行相对的规一化值操作。另外为了克服这个缺点，在实验中我们还运用了渗透性的硅铝合金进行实验。

2.3.3 实验3

硅铝合金样品的制造技术如下：将硅和铝的合金粉末与盐晶体混合（KaCl）进行加热烧结处理，然后将盐洗掉。样品的孔隙度和渗透性取决于单位体积盐晶体的尺寸。将盐浸出的过程需要在特定的温压条件下，如果这个条件被打破，部分盐就会留在样品的孔洞里，并与硅铝合金发生化学反应，形成所谓的凝胶。作者所用的样品就是这样的样品。

凝胶的最大特点——吸湿性大。在干燥的状态下，呈现出晶体状态，而当吸水饱和时，体积变化极大并可填满样品中的孔隙。凝胶从开始吸水到填满样品中的孔隙一般需要几个小时。在200℃正常压力且无水的条件下又会逐渐变回原始干燥的状态，样品重新变成渗透性介质。本节我们研究的就是这种渗透介质，即介质自身的渗透性可以改变，但同时又保持其他性质不变，介质的一些参数如下：

密度（水饱和）：1.8g/cm^3；

P 波速度：2400m/s；

S 波速度：1420m/s；

总孔隙度：52%。

凝胶吸水膨胀和失水干燥的周期可以不止一次重复，但每次样品介质都能恢复到最初的状态，且渗透率变化规律与其在水中放置时间长短无关。

硅铝合金样品的几何特征为直径 24cm、高 10cm 的圆柱体，具有各向同性且宏观均质的特点。

由于凝胶吸水膨胀而导致样品的渗透率发生改变，我们采用的方法是将样品放置在水中，并在间隔固定的时间对样品进行测量。渗透率由通过样品的水的渗透速度与来自于样品各个方向的压力差之间的比值来确定（即梯度压力）。渗透速度与梯度压力的关系遵从达西定律。在线性低压条件下，3 小时内渗透率降低了 2.3 倍，从 520mD 降到 227mD（图 2.10）。

进一步测量渗透率是不现实的，因为一次测量的持续时间几乎等同于一次试验过程所需的时间。

为了推断在低于 227mD 时渗透率与浸入水中时间的关系，试验的近似数据可通过下面的最小二乘法公式来确定，即

$$\alpha = 10/(0.2T + 23)(\pm 1.5\%)$$

式中:α 为渗透率在水中的变化率;T 为时间。

了解了样品渗透率在时间上的变化规律,我们就可研究样品的声学特征,以及它与时间的关系。这样,在其他条件不变的情况下,样品渗透率的变化与波场的变化就可联系起来了。

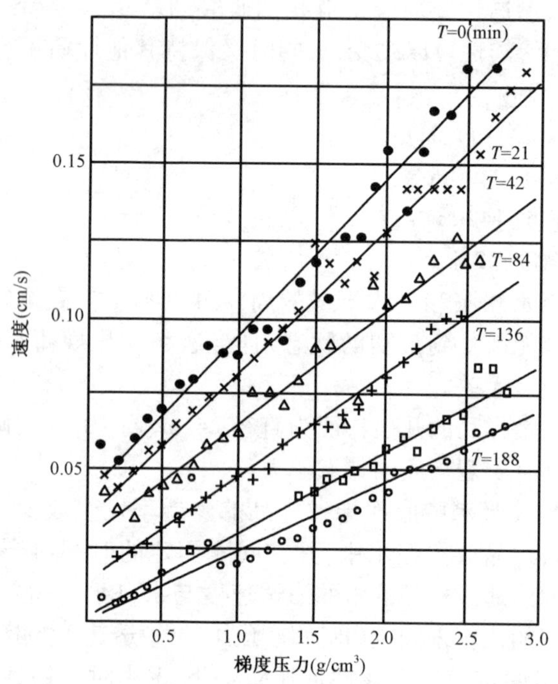

图 2.10　随着时间的变化,因凝胶填充孔洞而导致的样品渗透性发生的变化

渗透率测量的原理和前面的实验一样,我们借助波形图数字记录仪将数据直接存储在电脑中。通过将各种不同程度的 Π 形电脉冲和振幅传递到发射压电晶体的方式对初始信号参数调整程序进行调整。也就是说,将具有不同能量的脉冲发射到样品上。该试验中震源和接收探头所用的是共振频率为 150kHz 的压

电晶体。

在线性弹性近似框架内，采用折射和反射系数具有连续性的初始信号并通过褶积方式得到的波场数字模型，加入到波形图中的信号如下：

(1)直达转换 P 波(出现时间 141μs)；

(2)从柱体反射回来的转换 P 波(190μs)；

(3)多次直达 P 波(222μs)；

(4)从柱体形成线反射回来的转换 S 波(224μs)。

穿过样品且经过多次反射的脉冲的转换系数比上面提到的系数小一个多数量级，这样，在大于 300μs 的时间内震动实际上应该是不存在的。除此之外，在计算频谱图时并没有考虑散射和吸收现象。也就是说，从线性模型角度来看，振幅的实际衰退要更大一些。计算的波场和观察到的波场对比(图 2.11)显示，170 ~ 180μs 时段以后记录下来的震动是上面我们已经讨论过的在该时间段内的脉冲扩展的结果，同时它也具有了非线性特征。

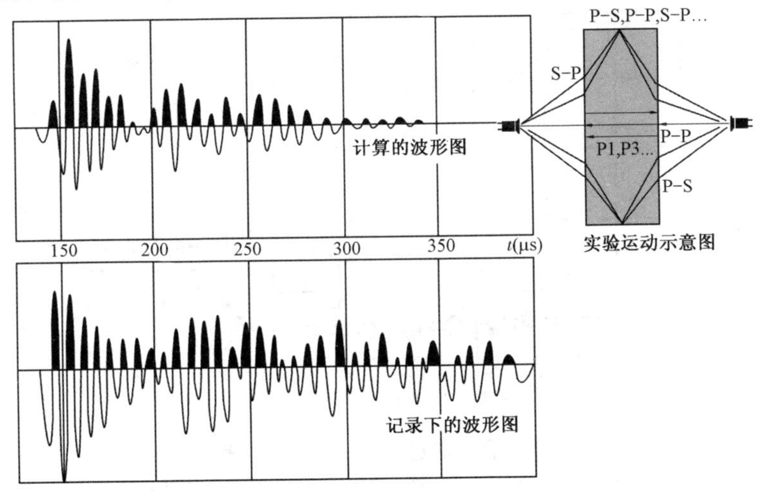

图 2.11　计算波场与所观测波场的对比

下面将视线转到该试验在频率方面的研究成果。上面已经提到过，频谱图中能量再分配的效应会随着波在渗透介质中传播距离的增加而增强。这样，很自然地我们会推测，该效应会随着时间间隔的增大而增大，并与第一次出现的位置的距离越来越远。

因而，此处我们对波形图的两个部分进行了单独的傅里叶分析，分别为 140 ~ 270μs 和 270 ~ 400μs（第一次出现的时间是 141μs）。研究 3 个频带内样品渗透性与波的频谱密度之间的关系，3 个频带分别为：0 ~ 60kHz，60 ~ 100kHz 和 100 ~ 180kHz（共振频率是 150kHz）。

图 2.12a 是在波形图的第一个时窗内展示出来的渗透性与波的频谱密度关系。我们观察到了基频的近似线性衰减和低频带中与渗透性无关的、独立的波谱密度。而在波形图中另一部分情况则发生了改变（图 2.12b）。在共振频率区域内，振幅衰减较慢，而在 60 ~ 100kHz 范围谱密度衰减较快。在 0 ~ 60kHz 内，随着样品渗透率的增加，振动明显增强。

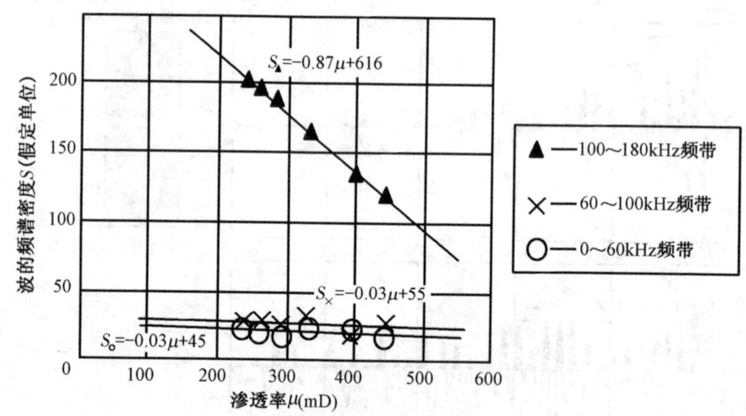

图 2.12a　与硅铝合金渗透性相关且穿过硅铝合金样品的波的频谱密度（上半部分波形图第一个时间窗）

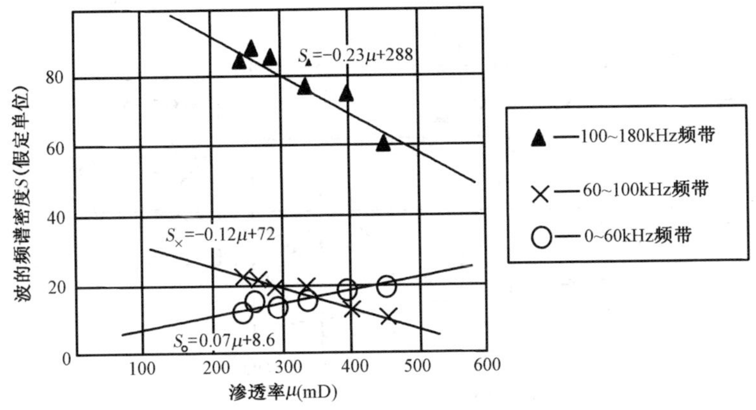

图 2. 12b　与硅铝合金渗透性相关且穿过硅铝合金样品的波的频谱密度(后半部分波形图第二个时间窗)

低频区域振幅的增长(与样品的渗透性有关),以及脉冲基频区域内振幅的减弱证明,这个现象与能量从谱的较高频率带向低频段再分配的过程有关。到目前为止,还没有任何一个已知的线性过程可以用来解释类似的情况。例如,微观非均质介质的散射会导致脉冲的延长和低频组分相对数值的增大,但不会出现绝对增长的结果。

关于超声波振动的非线性吸收随着渗透率的增大而增加的现象,相关证明请看图 2. 12c。从第一个 130μs 的波形图来看,初始能量越高,非线性吸收就越强烈。

从记录开始到结尾的波场波谱组分的动态变化可使我们得出下面的结论:

渗透介质所吸收的部分振动能量会转化成新类型的振动。新形成的振动具有比原生波传播速度慢、时间上出现延迟的特点,从而导致波形记录的拉长。另外,它们与原波场会相互作用,导致低频组分出现。低频组分随着波传播进程和路径的增加而增大,

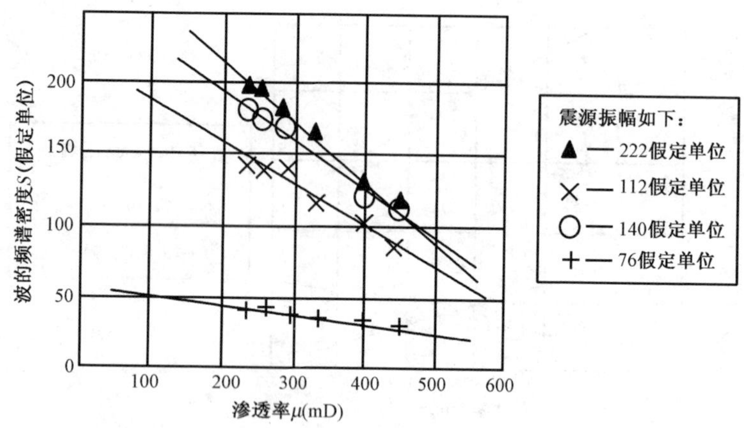

图 2.12c　当震源脉冲振幅不同时，渗透函数中的信号辐射吸收（上半部分波形图）

在这个过程中始终伴随着能量的再分配。

最后，记录信号振幅与初始信号振幅的比不成比例是可渗透硅铝合金声波具有非线性性的有力证明。事实上，在任何声波线性系统中都满足下面的条件，即

$$A = C \cdot A_0^{\beta}$$

式中：A 为记录下来的某一固定点的振幅；C 为震源和接收探头位置固定时的常数；A_0 为震源振幅；还有一个非常重要的指数 $\beta = 1.0$。线性比例关系恒等是线性地震和线性声波的主要公理。另外，A_0 的任何改变必然会导致 A 的比例变化（$\beta = 1.0$）。

而关于图 2.13 中的渗透介质，我们看到的情况却略有不同。

这个结果是作者通过一个具有 7 个不同振幅的震源信号的仪器得到的。逻辑上来说，如果震源信号为零，介质相应的反应也等于零。采用 A 值最小乘方的方法对渗透性不同的硅铝合金的 6 个值进行处理，就可以确定 β 值，详见图 2.13。

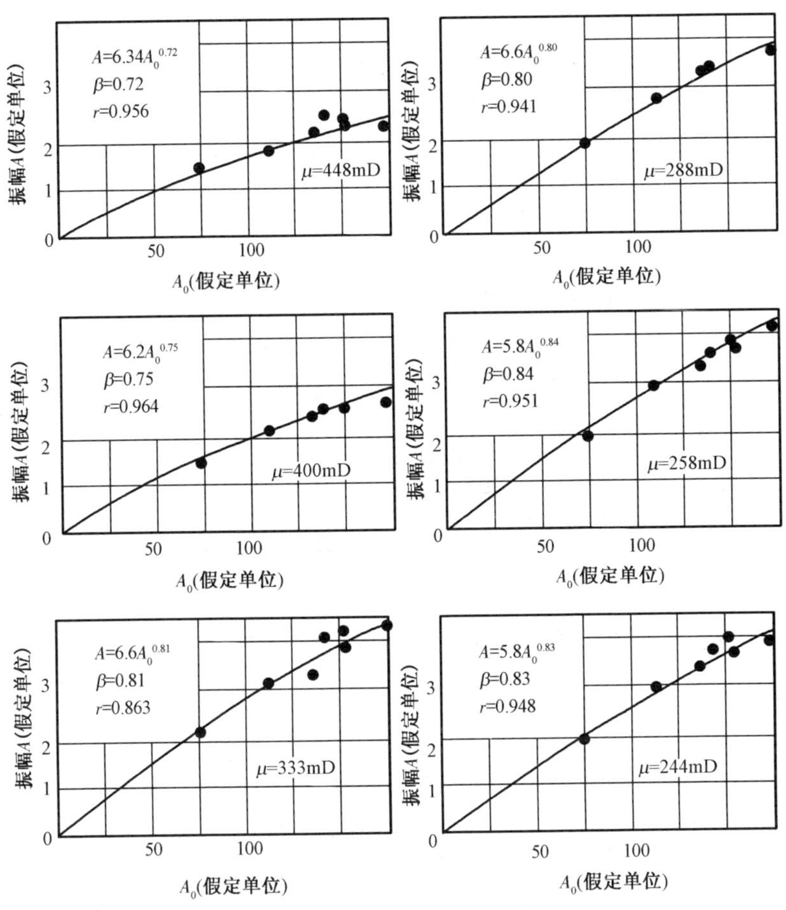

图 2.13　穿过渗透率不同硅铝合金样品时相对振幅发生改变的信号振幅的非线性性

试验所得β指数根本不是1，而是样品的渗透性越低，该指数越接近于1。

同时，振幅的计算值与观测值之间的相关系数$r=0.863$到$r=0.964$。

图 2.14 是关于指数值($1.0-\beta$)与渗透率的关系。从中可以看到指数值的线性特点和渗透率对确定指数 β 值的非线性性具有决定性的影响(当渗透率为零时,$\beta=1.0$)。

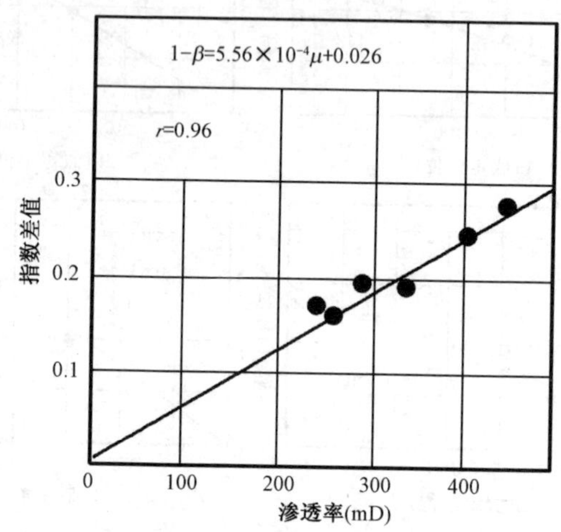

图 2.14 非线性程度指数和单位指数($1-\beta$)差值与介质样品渗透性的关系

通过对声波测井的分析和物理模型表明,当波在多孔裂隙介质中传播时,波场中因非线性组分的出现而使波场变得复杂。非线性水平取决于岩石的破碎程度。该结论是以下面的实验资料为依据得出的:

渗透率的增大会导致在波场出现一些不符合线性弹性介质法则的振动组分。

这些振动的出现导致脉冲在时间上的延长,包络线最大值出现的时间延后。

在频率方面出现所探测的脉冲基频能量向波谱中低频组分转移的现象。

随着波所经过的路径增长而波场呈减弱趋势时,可以观察到低频组分所占比重的绝对增长。

以上我们所说的各种效应的数值大小与介质渗透率之间具有关联联系。

物理模型证明:波形和频谱图形状的改变具有非线性特征;声学非线性性与介质储层特点有关,尤其是渗透率。

3 可控震源地震勘探的非线性波场及其实际应用

可控震源是被用来作为激发脉冲波的,因此,可控震源地震勘探方法最首要的任务是需要在生态和经济方面对相关技术进行优化,其他方面的功能开始时并没有考虑。然而在用各种不同频率和不同程度控制的可控震源信号进行地质剖面测深时,出现了研究沉积剖面的一种新的前景。这个前景建立在分析所观测到的波场在实际地质介质中传播过程的特点的基础之上。该方法中一个重要方向就是发现和分析所研究的波中的非线性成分,以及它们与碳氢化合物矿藏中的石油和天然气的关系。

本章主要描述研究可控震源地震勘探波场的非线性分量试验工作的成果。这些研究的目的是为了对沉积层中有无碳氢化合物的可能性进行预测,并获得一些关于地质结构的更多信息。

3.1 沉积层中碳氢化合物预测试验

“直接找油”是现代地球物理学过去和现在紧迫的发展方向之一。尽管已经取得了一些积极的成果,但是这个问题还远远没有完全解决。这种情况是由一系列原因造成的,其中最主要的原因就是我们所研究和评价的客体的复杂性和多样性。解决这个问题的可能方案之一就是应用可控震源激发的振动在实际碳氢化合物储层传播过程中产生的非线性特征。其中,下面的两种情况是最基本的。

(1)在油气田和烃类油藏区块或地段内通常会出现非线性性质的异常。这些特征的出现是由气体中的气泡引起的。这些气泡在地震波穿过的时候自身体积会改变,进而影响介质的物理性质,从而导致产生复频波的出现(差频的或叠频的波)。

(2)可控震源激发的振动会形成谐波。

从这里可以看出,含有石油天然气的岩石的非线性程度要高于沉积层围岩,并会有一些最基本的特征。下面是非线性介质的典型特征:

(1)不同频率成分的波相互作用,而不是干扰;

(2)形成复频波;

(3)相对于基频波,谐波的强度会增强;

(4)激发波与接收到的波的振幅之间线性关系遭到破坏。

可控震源地震勘探由于自身的特殊性,可以将波确切地划分出具有复频、差频和叠频的波,还有倍频率的波,而且可以控制其振动激发的水平。

可控震源地震勘探的这些特点已由鞑靼斯坦、奥伦堡州和乌德穆尔特等地的试验材料得到证明。

3.1.1 鞑靼斯坦共和国和奥伦堡州的试验工作

野外试验工作的测线长度为5~8km,通过油藏区。油藏包括两个油层:下层是上泥盆统沉积层(深度约为1500m,地震波走时约为800ms);上层是下石炭统(深度约为1000m,地震波走时约为500ms)。通过探井和开发井证实含油。沉积层剖面显示是碎屑岩—碳酸盐岩薄层状油饱和岩石,厚度变化从1~2m到7~10m。

3.1.1.1 在用两组可控震源以不同单频信号激发情况下分析倍频波和复频波的振幅

试验方法:同时在不同的距离和不同的点上同时激发两组不同的单频信号 f_1 和 f_2(通过可控震源组)。在已完成的测线上通过改变可控震源台数、型号和排列顺序及移动间距等进行试验。

图 3.1 显示的是通过激发 33Hz 和 45Hz 的单频信号得到的沿测线的平均波谱，除了 66Hz、99Hz 和 90Hz 的倍频谐波，还可以区分出的差频是 12Hz，叠频是 78Hz，和更复杂的复频振动波——12 +45 =57Hz，2 ×12 +45 =69Hz 等。

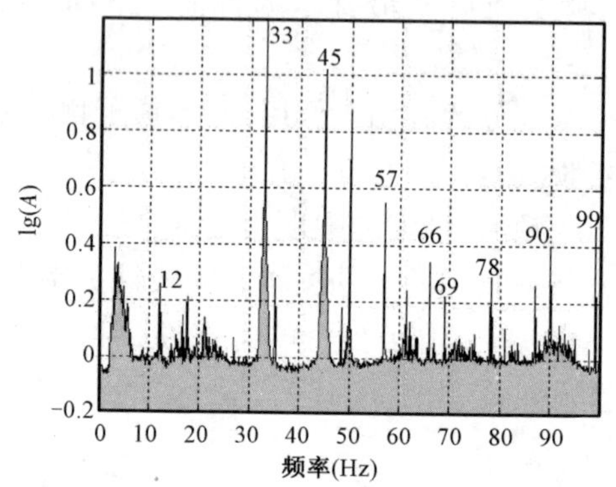

图 3.1 通过激发 33Hz 和 45Hz 的信号得到的沿测线的平均频谱

为了分析双单频信号可控震源波场的非线性成分沿测线的分布规律，在每个记录点上将野外地震记录用谱的曲线形式表示在测线每个点记录的一整套振幅—频率波谱上（图 3.2）。在噪声背景下，频谱图上可检测出水平拉长的线条。他们是可控震源激发产生的单频信号，以及非线性场的倍频、复频及这些非线性成分形成的更复杂的东西。我们发现，非线性强度不会一直重复两组单频信号的强度。

在试验中发现非线性成分产生最强的区域是烃类化合物存在的区域（图 3.3）。这可以这样解释，出现异常的剖面部分对应疏松多孔的富含石油的岩石结构。这种岩石变蓬松的情况可能是由于在构造形变过程中有裂隙伴生发育，以及地层压力改变，颗粒间孔隙变大等原因引起的。正是在这个区域，根据我们的理论和实践，我们发现了非线性的地震性质。

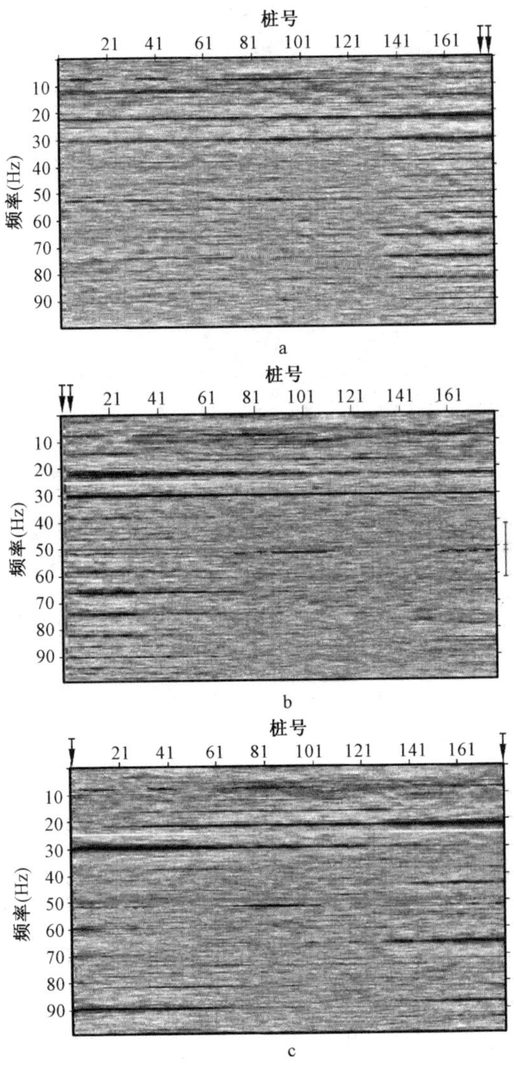

图 3.2　两组单频信号源波场的频谱图

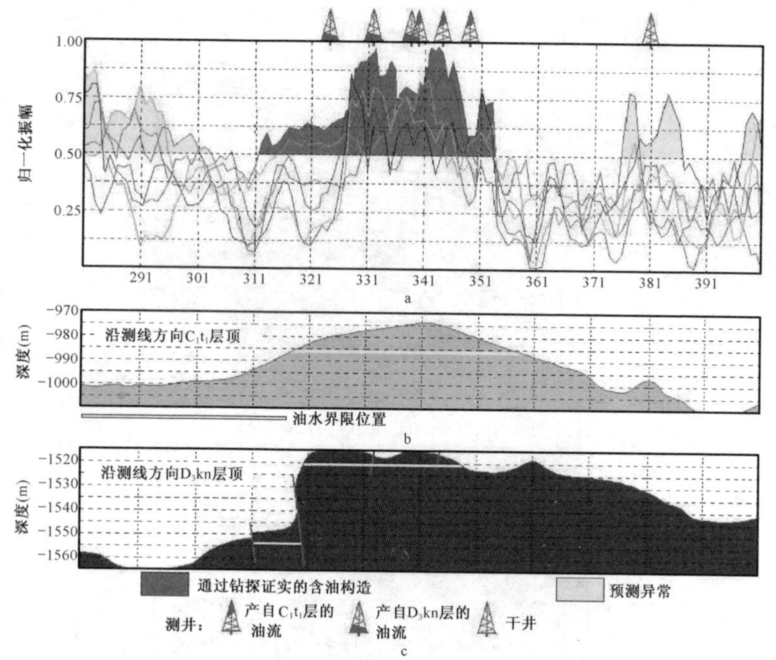

图 3.3　沿测线方向叠频和差频与含油起伏构造和油藏位置的对应关系(对应于图 3.2 的试验)

参见书后彩页

图 3.3 表示的是本次试验(图 3.2)中的差频和叠频曲线图。为了弄清楚图 3.2 和图 3.3 中谱的正常吸收和发散情况,将波谱每个记录频道用平均值做了归一化处理。

另一部分试验所得到的资料有所不同(图 3.4),这里叠频记录反映的是晚石炭世油层。差频波犹如低频波,它反映了更深部分,所对应的是泥盆纪油层。

如前面的例子,在这里也观测到波场非线性组分与含油岩石之间的某种对应关系。

实验结果表明,在实际的地质介质中产生了复频波和谐波。

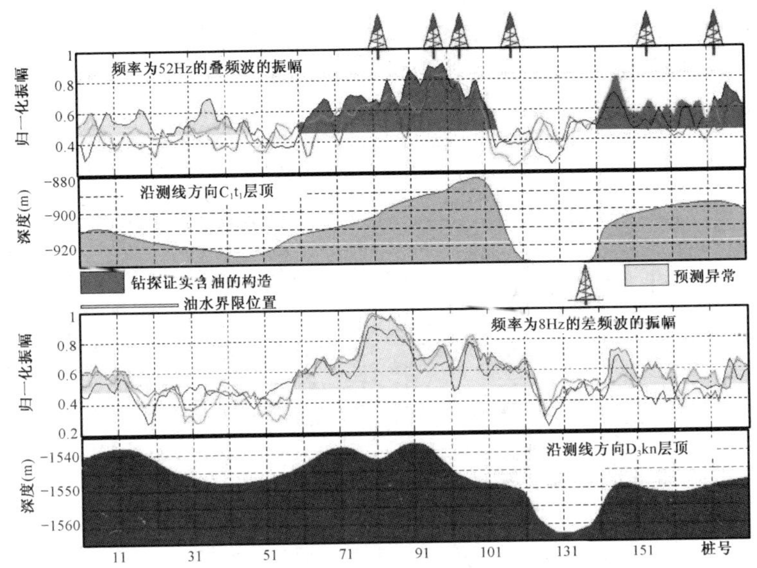

图 3.4　沿测线方向叠频和差频与含油起伏构造和油藏位置的对应关系(相关试验)

参见书后彩页

波场非线性成分振幅变化的曲线与潜在含油地层的位置是一致的,这表明它们之间有确定的相互关联关系。也就是说,地下构造尤其是油气藏与波场非线性成分的出现之间存在相关性。

3.1.1.2　反射波振幅与振动激发之间的关系

本实验基于这样的推论:如果激发振动的振幅增大时,由两个或更多界面反射回来的反射波振幅以不同的比例变化,那么其中至少有一个反射波源自地震非线性区域。所以介质中响应振幅与激发水平之间的关系是本试验的研究目标。

野外工作的方法是用一台可控震源进行线性频率扫描,扫描的频带为f_1-f_2,但加载在震源平板上的荷载是不同的,或者将几台不同荷载量的可控震源同步工作。这样就能探测振幅的变化。

预处理包括振动记录的相关和带通滤波。所有处理参数(包括增益)的控制,所有激发振动记录图都需要严格保持恒定。

图3.5a是二叠纪致密不透水硫酸硅酸盐岩沉积的反射波振幅与加载在可控震源平板上的荷载值之间的关系(最大振幅的百分比)。这个关系是线性关系,如同预测的线性弹性近似。

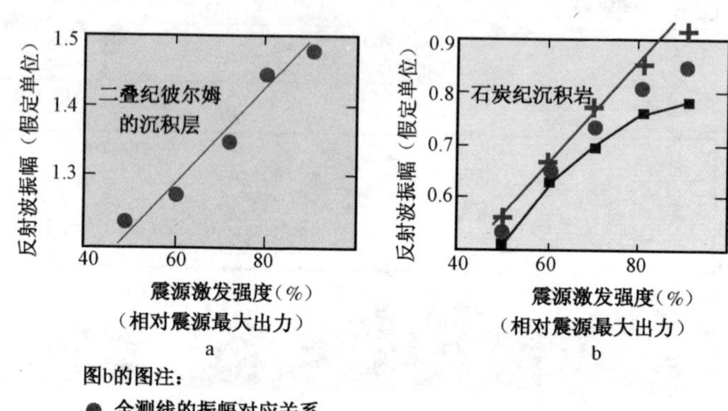

图3.5 不同层位不同桩号部位的反射波振幅与震源激发强度之比沿测线的变化

但含油层的反射不是这样的(图3.5b)。在油藏范围以外的剖面段振幅与荷载关系再次变成线性的(桩号284～327和355～397)。而油藏范围内(桩号328～354)的线性性则被打破了。也就是说,对于从石油饱和区域反射回来的波而言,它并不符合介质线性弹性近似的基本原则,即介质的响应与震源振幅增强不成正比。这样的事实可用于圈定油藏。

图3.6是可控震源在两种振动模式下的含油层和非含油层之间振幅强度关系的变化。如果这里用线性声学来解释,那么在不同的模式下这些关系都应是相互吻合的。但是在剖面中出现了这样的一些剖面段,在那里振幅关系是随可控震源振动信号强度的

增强而增强的。试验资料与 4 口钻井资料(其中有两口测井资料)的对比表明,地震剖面上的异常段与相应的油饱和范围一致。

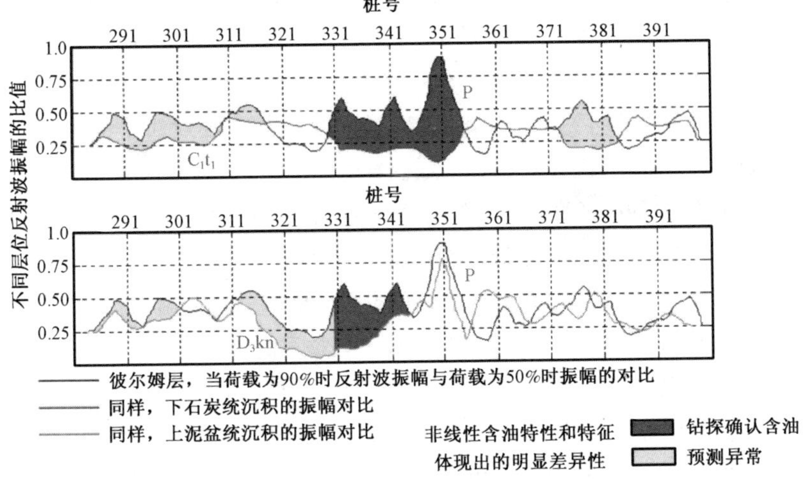

图 3.6 当震源在不同激发强度作用下,不同层位不同桩号部位反射波振幅的对比

一系列的试验表明,在实际的地质介质中,根据激发和记录信号之间振幅的非线性标志证实了地震波场存在非线性性。与钻井数据进行比较发现,这种非线性特性应是受储层油饱和度控制的,可以作为油饱和度的一个指示器。

3.1.1.3 在固定的和变化的频率同时激发的情况下复频波的研究

野外试验方法:在测线的每个激发点上,一组可控震源以 f_1-f_2 频带的线性扫描方式和一台震源以单频信号 f_m(当 $f_1>f_m$ 时)方式同时激发。在各个不同的测线部分 f_1,f_2,f_m 的值,记录长度和信号都有变化。我们在两条测线上进行了观测,每条测线在试验过程中检波器的位置都没有挪动。

本试验研究的前提是，流体饱和结构复杂的介质，具有较强的地震非线性特性，同整个波相比，应该能检测出振幅较强的叠频及差频波。因此本次试验的目的在于评价复频的反射波在油藏范围内和外的差异程度。为了达到这个目的，用震源的调制信号与所得基频f_1-f_2，叠频为$(f_1+f_m)-(f_2+f_m)$，差频为$(f_1-f_m)-(f_2-f_m)$的记录进行相关，进而绘制相应的时间剖面，并对每个时间剖面上反射波强度进行评价。

所有3种类型时间剖面的各项处理参数都保持一致，目的是保护波场动力学特性，以便进行后续的分析工作。

图3.7是具有初始频率和复频的波相应的时间剖面。特别需要指出的是，通过波与和频、差频信号之间的相关，得到相应时间剖面的结果表明，在下半部分空间有复频的振动发生。

进而沿剖面对比了复频和基频波的动力学参数。

图3.8和图3.9中用黑色（差异法）表示的是将野外震源记录与频率为25~70Hz的初始信号相关后所得到的基本剖面。将基本剖面叠合于差频剖面（通过与12~57Hz的扫频信号相关），振幅用色标表示。可以看到在穿过目标含油层时，基本剖面的振幅发生变化，大小相差1.5~2倍。而差频剖面振幅强弱相差10倍，其中最大值在油藏区域出现，这个情况已经通过钻井确认。

这样，差频波场与一般波场之间的明显差别可以总结为：在油藏范围之外的反射要比在油藏范围内的反射强度弱得多。

从得到的试验成果中可以发现，当波在孔隙构造的烃类饱和的岩石中传播时，出现了具有复频（差频、叠频、倍频）的波。检测和对比这些波可以用野外振动记录与相应信号的相关，进而绘制时间剖面与深度剖面。在这些剖面中，流体饱和、孔隙构造导致差频波的振幅值增大，而同时基频波振幅或出现异常或缺失，或强度会比差频波弱几倍。

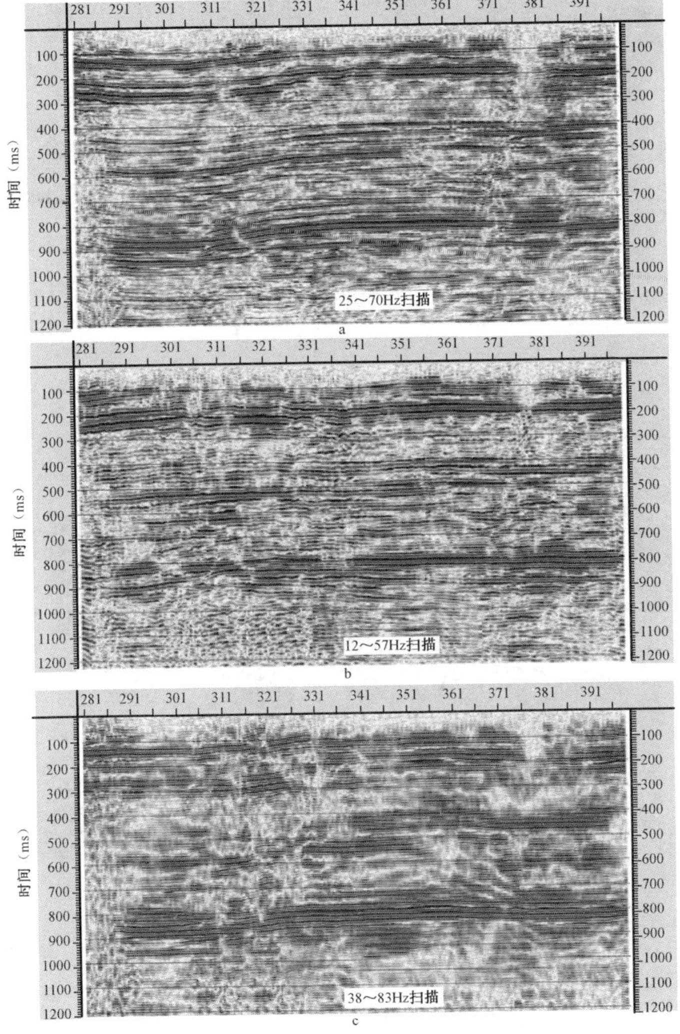

图 3.7　基频(a),差频(b)和叠频(c)的时间剖面

参见书后彩页

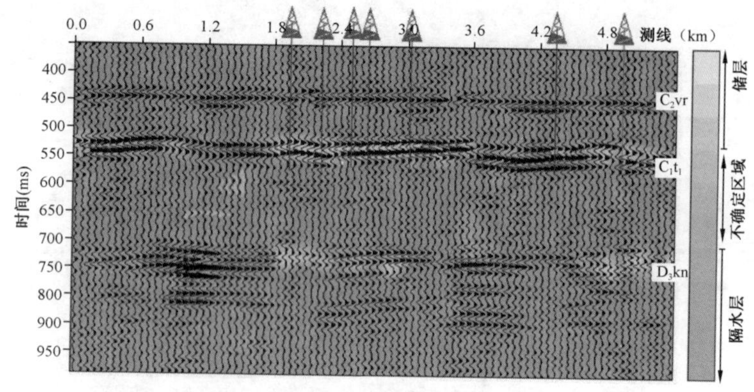

图 3.8　基频和差频的对比(测线 1)

参见书后彩页

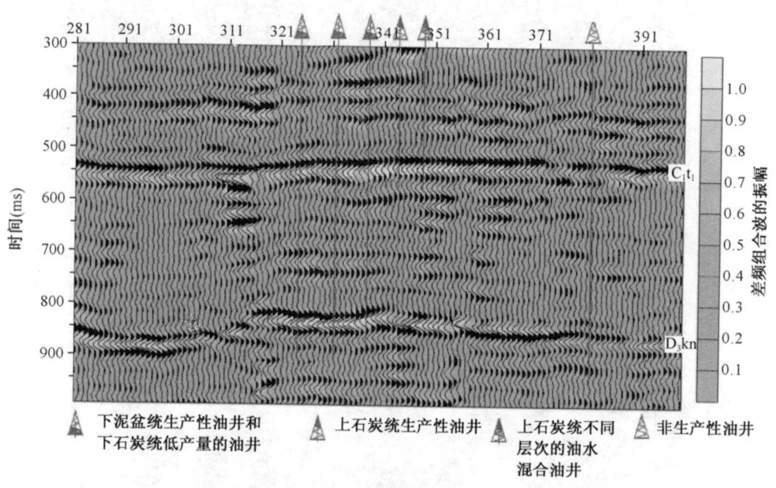

图 3.9　基频和差频的对比(测线 2)

参见书后彩页

3.1.1.4　*表层和深层非线性性*

在分析地震非线性的相关工作成果时,可能会出现这样的问题,即波场中非线性组分出现的原因——是地下深处波场非线性组分的振荡，还是土壤—可控震源及其附近区域相互作用所形成的非线性系统。

前面所列举材料足以表明：复频的波只出现在烃类饱和岩石和破碎岩石结构中。

然而，为了更明确地回答关于非线性波本质的问题，专门进行了将振动点置于不同位置时，对沿测线波振幅变化进行分析的试验。

图3.10表示的是当振动源（两对可控震源）置于测线右端附近时，反射波基频（22Hz和30Hz）和倍频振幅的曲线变化。

曲线呈现出起伏不平的特点，所有4个频率随着与振动源距

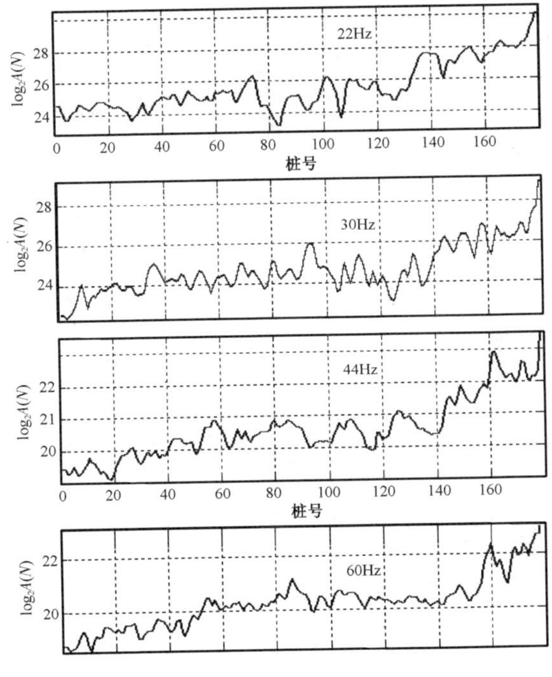

图3.10　沿测线基频和倍频的振幅衰减情况

离的增加，平均值呈现相对平稳下降的趋势。对平滑指数规律的偏离几乎均匀地沿着我们所观察的线分布。在缺乏其他补充数据的情况下，我们没有办法去反驳这样的论断，即倍频波一般出现在振动源附近，在传播过程中与剖面本身的特性无关，同时在量级上要弱于主激发振动波。

在曲线中我们还要注意到这样的现象，即在所有 4 个频率的曲线中均观察到在 80 ~ 150 桩号区间内出现振幅减弱的情况。

图 3. 11 表示的是在同基频相比较时，叠频波、差频波和复频波沿测线振幅的变化。

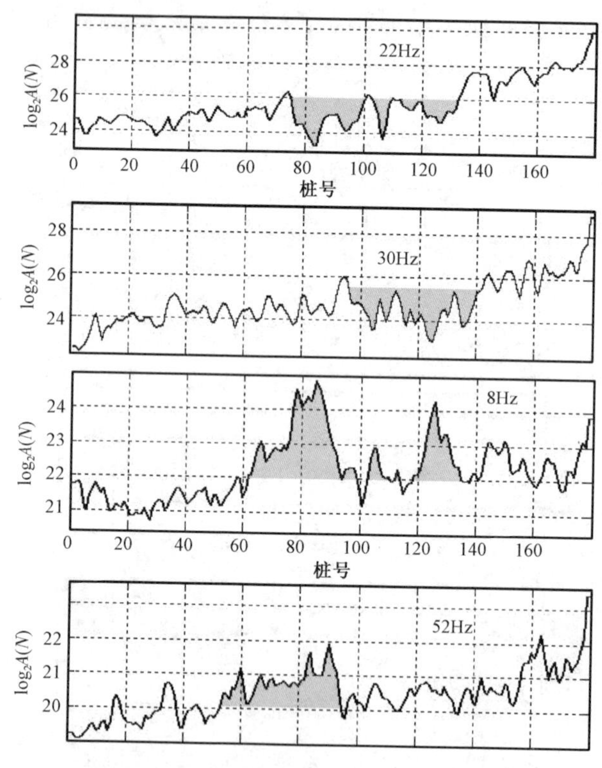

图 3. 11　沿测线基频和复频波的振幅衰减

图 3. 11 中情况与上面完全不同。首先是 8Hz 的曲线在 60 ~ 140 桩号范围内出现异常,在该曲线上有某几个点出现了振幅超过假定数值的现象。出现异常的区域对应的几乎就是基频波衰减的区域。

逻辑上来说,我们所观察到的效应可以用导致复频波振幅水平增强的深层原因来解释。

上面所述内容可用图 3. 12 来说明:该图将复频波振幅总和与激发振动的振幅总和进行了比较。从对比中,可以明显地看到两种相反的趋势——对于部分检波点来说,基频的衰减线性对应叠频波和差频波的衰减。而对另一部分检波点来说,情况则相反——在激发振动频率衰减时,复频波反而会增大。

应用线性近似理论,这种效应还有另外一种解释方法:复频波一般出现在震源的附近区域,而在地下部分的空间中存在这样的一套或数套岩石,其厚度与速度刚好会使频率为 8Hz 和 52Hz 的复频波在岩石内部传播时发生共振现象。而频率为 22Hz 和 23Hz 的复频波情况则相反,不是同相叠加,所以衰减了。此处如果用线性近似理论来解释,就需要很多关于地下部分空间几何界面的补充条件。其中,这类岩石需要好几套,因为我们的频率组不具有相互多重性或非完全多重性。与此同时,研究对象所处的位置要足够深,以便在波以一个小的角度射入时,异常现象可以出现在测线的中心位置。主要是此处只引入了一个与所观察的情况类似的例子,而如果在不同工区都要固定很不相同的原始单频信号组,但每次又企图挑选“所需要”的能引起共振的深度速度模型,这样的任务是没有前景的。

在接下来的试验中,可控震源组彼此之间距离很远激发不同的单频信号,例如位于测线的端点。在这种情况下,已经不再适合讨论波在附近区域的相互作用。

试验的详细结果请看图 3. 12。黑色曲线对应的是可控震源组

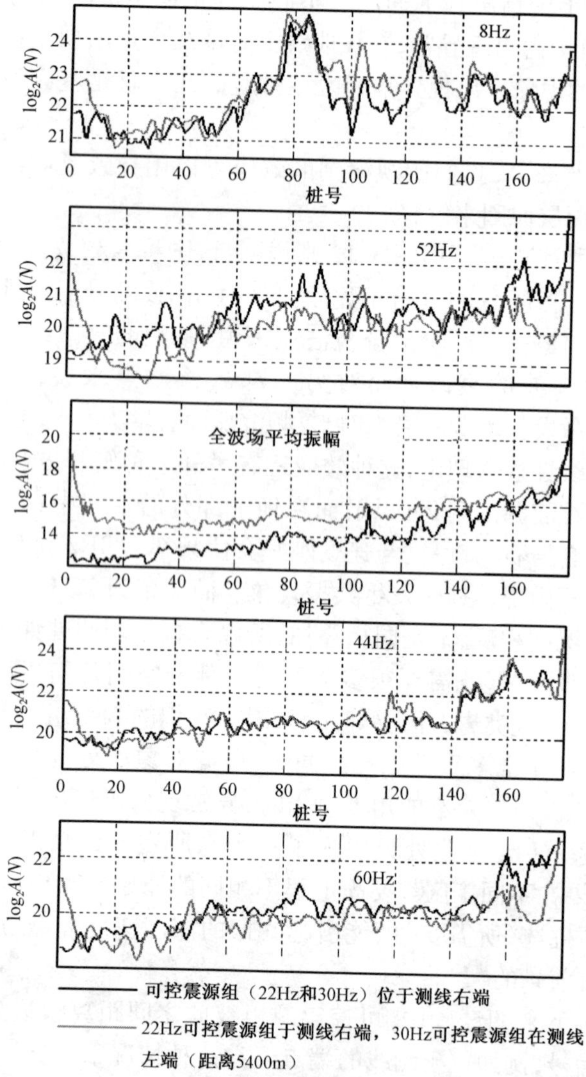

图 3.12　当可控震源组位于不同位置时，波场非线性组分振幅的变化

均位于测线右端的情况,灰色曲线对应的是22Hz可控震源组位于测线右端,30Hz可控震源组位于测线左端。震源组之间的距离是5400m,该地区沉积盖层的厚度约为1600m。

8Hz差频波振幅的变化与可控震源组的位置没有什么关系。这清楚地表明,该差频振动的“源头”不在可控震源附近,而是在8Hz差频波振幅最大值的位置,也就是说在60桩号偏右至测线右端点之间的下半空间。当30Hz的震源往测线左端移动时,叠频为52Hz的频率变动略微有些大。但在桩号60~160之间曲线的变化保持平稳。这一情况表明黑色曲线的行为首先不是由震源产生的复频波的衰减来决定的,而是由波沿着这一区域传播时所产生的振动来决定的。

44Hz倍频波的行为完全可以从线性接近理论角度来解释。事实上,倍频波在181号桩的位置出现,并随着桩号的变小而衰减,而与30Hz的可控震源组所处的位置无关。一般来说,其他倍频波的行为也应该是这样的,如果没有从线性理论角度来看,行为显得有些异常的是60Hz的倍频波。60Hz倍频波或从出现开始就不断衰减,或不随着桩号的增大而增强(大概到40~45桩号的位置),从这个桩号往后,倍频开始增强,直至测线的端点,振幅的平均值几乎等于30Hz可控震源位于测线端点的数值。上述例子表明,不同频率的倍频波在同一剖面中的行为也是互不相同的。鉴于此,我们必须要确认这样的事实,即可控震源地震波场非线性倍频组分在地质介质中也有出现,尽管在导致倍频组分出现的原因中,可控震源和其附近区域的非线性性要比复频、叠频和差频的贡献要多。

值得一提的是在鞑靼斯坦共和国一个油田进行的关于不同频率波之间相互作用的野外试验。试验基础是这样的,即假定是在渗透性烃类饱和介质中波流相互作用,那么当两种频率波不是同步激发和记录时,我们应该可以观察到这些振动的相互作用。

实验结果表明:如果 100Hz 单频信号激发的持续时间是 10s,则在 7s 后开始与 14 ~ 100Hz 的线性频率调制信号非同步激发,持续时间为 2s。

如果存在波流的相互作用,那么记录 100Hz 信号的存在和缺失的波场应当是有差别的。如果介质是线性的且没有相互作用,那么线性频率调制信号波场在去除 100Hz 的振荡后应恢复到最初的原始状态。

试验结果如图 3. 13a。振动记录的频谱图中最下面的曲线对应无 100Hz 作用时的测深。其余 3 组曲线都是在 100Hz 的作用影响下获得(试验重复了 3 次,间隔时间为 10min)。影响的效应存在十分明显,每一次重复试验影响都会有所变大——这表明它具有一定的后续影响。

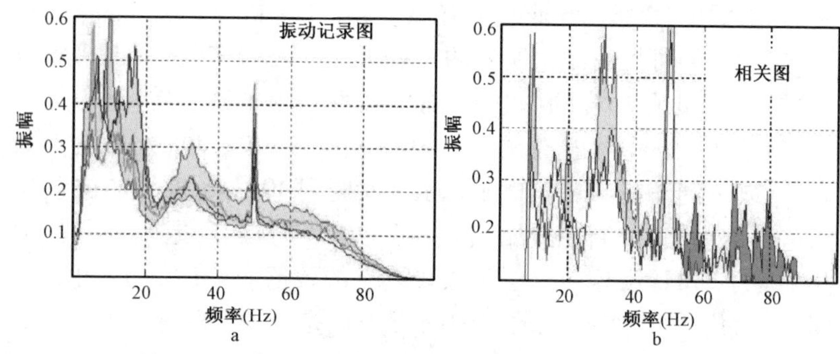

图 3. 13　在 100Hz 单频信号额外影响下,振动记录图(a)和相关图(b)波谱振幅的变化

将频谱图与 14 ~ 100Hz 的扫频信号进行相关后发生了一些变化,详细的信息请看图 3. 13b。此处划分了两个频率区域。7 ~ 50Hz 的振幅相关图的获得是通过其他额外的效应,这个效应是在没有这个振幅相关图的情况下出现的。而 50Hz 及以上情况则完全相反。7 ~ 50Hz 是 14 ~ 100Hz 扫频信号探测的次谐波。

图 3.14a 和图 3.14b 是通过将初始记录与 14 ~ 100Hz 激发信号相关后得到的图。

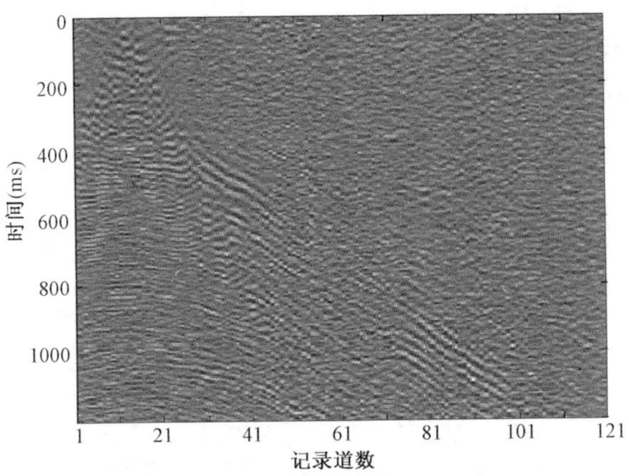

图 3.14a 只激发 14 ~ 100Hz 扫频信号获得的相关图

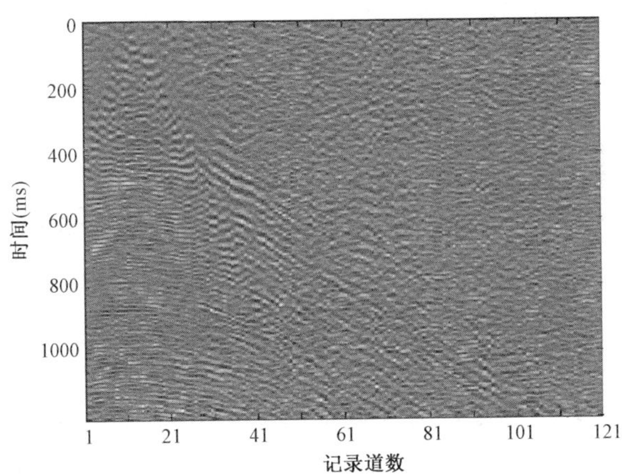

图 3.14b 激发 14 ~ 100Hz 扫频信号和 100Hz 单频信号获得的相关图

从视觉上看感觉这两幅图是相同的，在图上任何运动学上的改变都观察不到。波场平均振幅在试验的精度范围内（约 5%）。然而动力学的变化还是存在的。经过简单的操作后可以很明显地看到这个现象，操作方法是从一个波场中减去另一个波场（图 3.14c）。

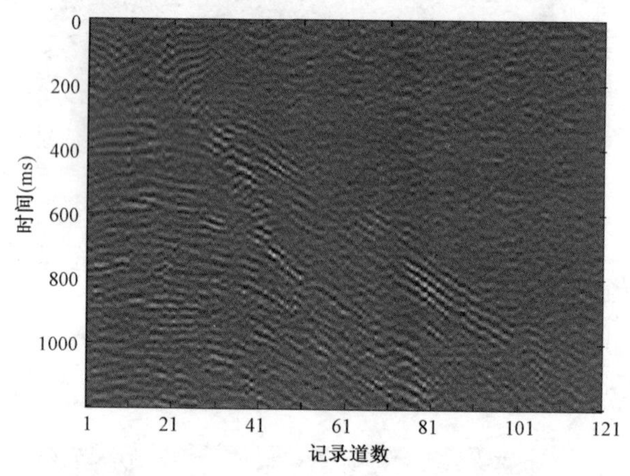

图 3.14c　图 3.14a 与图 3.14b 相关记录的差异

如果在介质中额外影响没有引起什么规则的波动，那么这种差异可以看做是非相关性的噪声。然而同相轴的存在表明，引起额外影响的振动出现了。此外，在最新的地震记录图上可以看到，非同相轴的振幅差异要比原始图 3.14a 和图 3.14b 中的值大得多。这意味着对波的某些类型和某些层位的反射波来说，额外振动的影响要比其他的波更加明显。

图 3.14c 中波场的平均振幅约是初始地震记录图中振幅的 9%。尽管后续效应的差异从视觉上看并不是十分明显，但用来确定效应的稳定性却已足够。

试验是在穿过含油气构造的测线上面的几个振动点上进行的，但试验过程中能使我们绘制出时间剖面，这样就不能更确切地检测有无额外影响的区别。除了在测线的点上完成的试验外，利用 14 ~ 100Hz 扫频信号，在测线上还进行了常规可控震源地震勘测。

在研究非线性现象以后自然会有这样的疑问：如果将 14 ~ 100Hz 信号与野外可控震源记录相关，并采用相应的合成扫频信号，是否不仅可以在该测线上绘制出一般的时间剖面，还可以用来确定 7 ~ 50Hz 和 3.5 ~ 20Hz 的次谐波频率的时间剖面。

这样的尝试曾经进行过，结果请看图 3.15 至图 3.17。

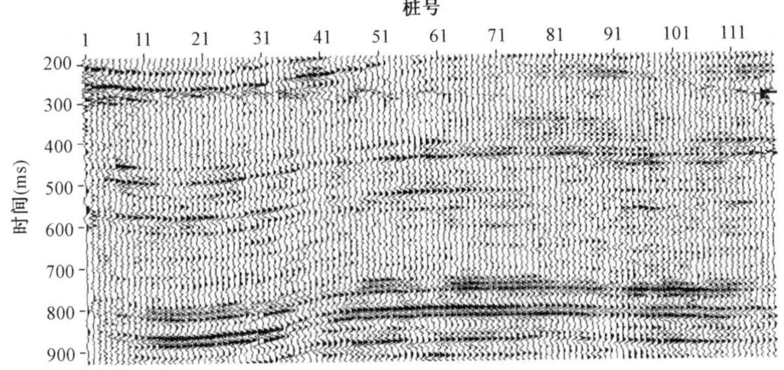

图 3.15　与 14 ~ 100Hz 扫频信号相关得到的一般时间剖面

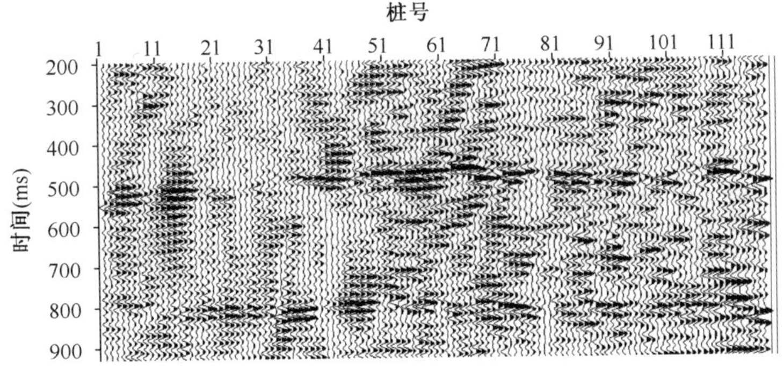

图 3.16　与 7 ~ 50Hz 合成扫频信号相关得到的时间剖面

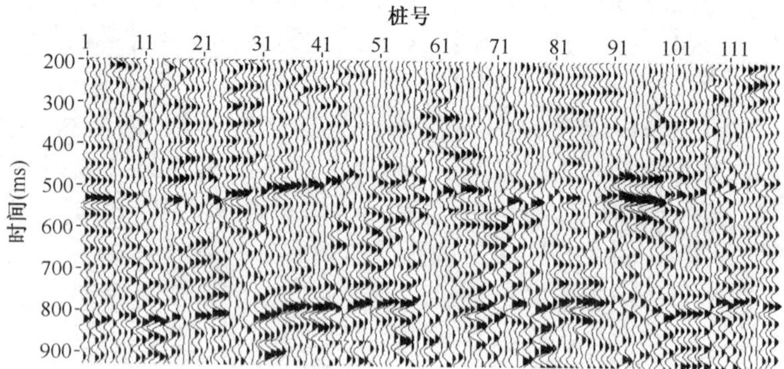

图 3. 17　与 3. 5 ~25Hz 合成扫频信号相关得到的时间剖面

标准的时间剖面如图 3. 15 所示。在图上发现 450 ~550ms 和 750 ~850ms 时间的反射层能清晰地看到构造隆起。

为检测前几个次谐波(7 ~50Hz 频带)的信号相关结果示于图 3. 16。

毫无疑问,从发现构造的角度来衡量第二条时间剖面不如第一条(图 3. 15)。但是,存在这样一个事实,就是第二条时间剖面“获得了”在时间上与第一条剖面的地震标准层时间一致的同相轴。这说明,在介质中产生了 7 ~50Hz 的次谐波振动,而且,其振动强度的增加在空间上和时间上都属于含油区域的影响。对于上面一层油藏,其所相应的同相轴在 20 ~25ms 时间段出现下降,而对下层油藏来说对应的是 50ms,这可能是未考虑 14 ~100Hz 和 7 ~50Hz速度模型差异的结果。

3. 5 ~25Hz 的次谐波剖面请看图 3. 17。此处从构造角度来看更差,但我们所研究的含油目标引发的反射存在的事实是没有疑问的。

3. 1. 2　乌德穆尔特试验工作

试验的目的是为了确定在有烃类化合物存在的剖面中复频波

形成的实验依据。试验的对象选取的是小型的礁状构造，在这个构造的深度为1300～1400m的位置（波反射时间为0.4～0.6s）已发现有油饱和砂岩。在构造顶部钻探证实含油。野外试验工作是在两个剖面上展开的，这两条剖面基本上相互垂直，其长度超出了油藏范围。剖面的研究是采用两组同时激发连续工作的可控震源来实现的。其中一个可控震源激发的是22～70Hz的线性可控信号，另一个激发的是单频信号，频率为10Hz。信号扫描长度相同（10s），观测到的倍频为48Hz，激发点与检波点之间距离为30m。

相应地，按照上面给定的激发参数，可以形成差频和叠频，分别为12～60Hz和32～80Hz的波。自然地，这些波的频带与初始控制信号的频率带并不对应，为了在信号相关图中将波区分出来，首先对初始振动记录的振幅谱进行了转换，然后分别与相应的模型控制信号进行相关。资料的处理给我们提供了时间剖面和确定了测线上各测点波谱成分的构成。在构造隆起部分的瞬时差频剖面中（12～60Hz），在含油层反射的时间段内（450～600ms）发现地震记录频率降低，这是由于具有差频和叠频的非线性波的形成而造成的。

油藏对反射波频率构成的影响通过波谱分析得到确认。波谱分析是通过在含油构造范围内和外利用浅层“空的”（不含油）和深层的含油反射层的记录来实现的（图3.18和图3.19）。从获得的资料中发现，油藏以上反射的波（时间300～400ms）具有稳定的频率构成。而对应的产油层观察到的情况则完全不同（450～600μs）：在含油构造范围内波谱频率最大值是20～22Hz，而在含油构造范围外是38～42Hz。也就是说，波的频率特性的最大值明显地移向低频方向。逻辑上，这可以用在含油地层中生成有叠频和差频的非线性波来解释。

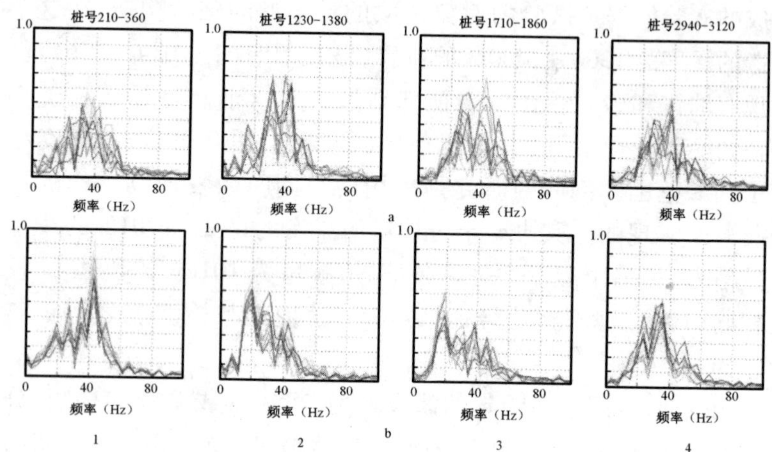

图 3.18　在测线 1 含油构造范围内(2 和 3)和外(3 和 4)剖面波谱组分的变化
a—时间间隔 300 ~ 400μs(油气藏范围外)；b—时间间隔 450 ~ 600μs(油气藏范围内)。
参见书后彩页

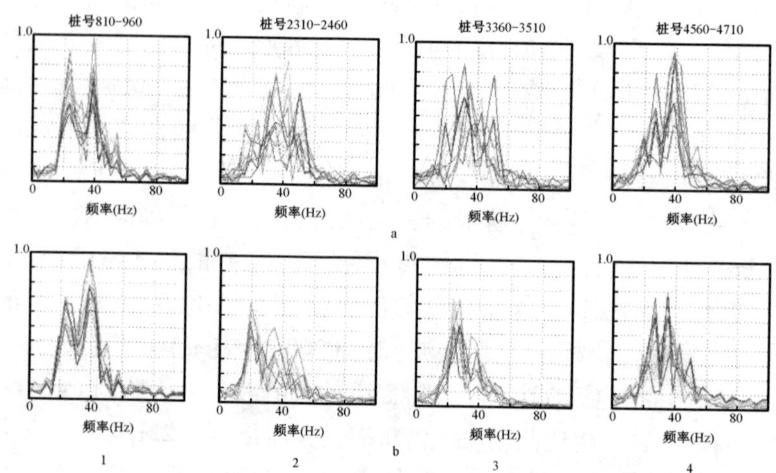

图 3.19　在测线 2 含油构造范围内(2 和 3)和外(3 和 4)剖面波谱组分的变化
a—时间间隔 300 ~ 400μs(油气藏范围外)；b—时间间隔 450 ~ 600μs(油气藏范围内)。
参见书后彩页

这一结果证实了非线性地震学中的一个论点，当波在含油的、物理属性有所改变的岩石中传播时，不同频率的波可以与复频波彼此相互作用、影响。

上面试验的结果表明，可控震源地震波场表现出了非线性特性，这个特性首先是和多成分、多孔、渗透性的、烃类饱和构造的岩石相关。还有重要的一点需要指出，这个野外试验结果的获得借助了一些传统地震振动勘探试验中的方法和技术手段。

3.2 谐波方法

本小节专门介绍谐波在野外试验中在可控震源地震探测方面所取得的成果和它们在未来实际应用方面的前景。

在前面的章节中曾提到过，可控震源在激发过程中产生的谐波相当的强，这为解决某些普查和勘探任务提供了可能。需要指出的是，虽然谐波方法可以很容易地应用在野外试验中，但是要满足两个前提条件：一是线性控制信号使用的时间要足够长；二是要与模型控制信号进行相关。

波场谐波组分的应用（即谐波方法）可在以下两个方向展开：

（1）现有资料的重新处理（振动记录）；

（2）进行专门的野外观测，以获得基波和谐波的时间剖面。

第一个方向，它不要求组织和进行野外试验工作，只需对振动记录重新进行相关，并获得时间剖面。

研究的初始阶段，完成各振动记录的相关，以评估谐波方法应用的可能性及其特点。通过对已获得的资料进行分析显示，在相关记录上二次谐波在时间上到 1.5s 时应能确切地检测出反射波，并在基本记录中进行类似的对比。而在新的记录中，波的特点是具有更多的高频组分和较低的强度，这一特点与最初的理论假设完全符合。

按三次谐波进行相关的振动记录证明是无实际意义的。在这些资料中有相关噪声，在相关噪声背景上，规则的反射波基本上没有观察到。只能划分出一个初至波的高振幅区域，但这并不具有什么实际意义。

以上面的这些试验成果为基础，后续的相关试验工作的研究对象只关注二次谐波和部分次谐波。

谐波方法的相关资料是从下面这些区域获得的（加里宁格勒地区，北哈萨克斯坦区，克拉斯诺亚尔斯克区，马里埃尔共和国）[4]。

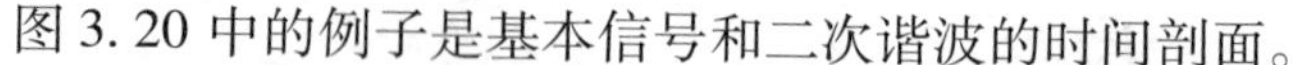
图 3. 20 中的例子是基本信号和二次谐波的时间剖面。

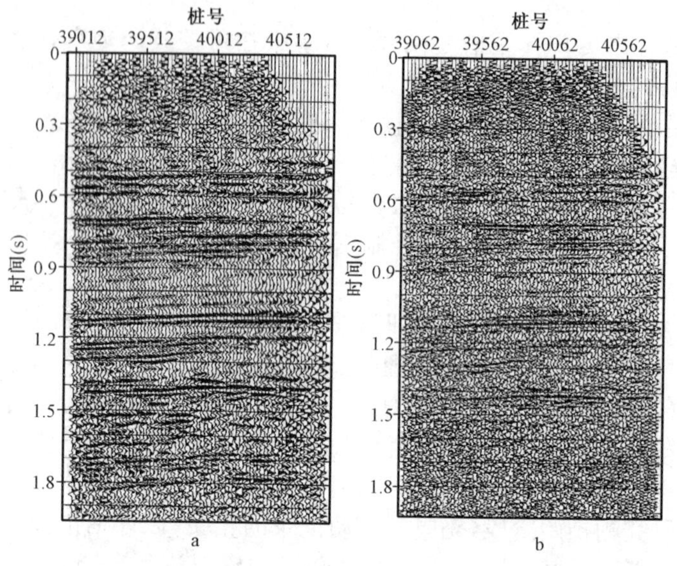

图 3. 20　基本信号（a）和二次谐波（b）的时间剖面

资料处理首先关注的是基本信号和其他补充信号的相关，在完成相应校正时间的引入和相关振动的滤波后，绘制相应的时间剖面。对所获资料进行分析，结果显示，在相关的振动记录和时间剖面上都能检测出和追踪到由可控震源初始波场的谐波成分构成的反射波。该反射波具有高频组分比例大、较好的分辨率，从而有可能发现反射层的某些特点。在与初始可控信号相关后得到的剖面上这些特点也可能检测不到或只是显示一些信号。从各个区域获得的结果表明，受二次谐波影响的反射波强度足以使我们在1.3～1.5s间段内可以检测到反射波，并追踪它们。同时，该反射波的强度约是所记录的波波谱组分强度的1.5～1.7倍，这提高了时间剖面上记录和层位的分辨率，同时也可使人们从这些波的行为中观察到它们的一些其他补充特点。

而当时间不小于1.5s时，在噪声背景上我们几乎没有观察到谐波，这限制了它们在实际工作中的应用。

在小范围内进行了一些试验以获得部分记录，当然这是相对于基本频率记录而言的（次谐波）。波场次谐波组分出现的可能性是根据土壤与可控震源相互作用的非线性特征和剖面上层部分非线性特性得出的。对资料处理表明，剖面上的记录具有频率低、规则性弱的特点。

谐波方法一个技术上的制约是必须要在处理中心对可控震源振动记录进行二次相关。这种制约可以通过将原始野外记录与用以计算区分基频和倍频的控制信号进行一次相关来解决。最简单的情况就是原始控制信号与其二次谐波的总和。这种相关方式保证了各个不同频率成分的波能量的叠加、振动波谱组分的扩展，以及提高可控震源更加全面地应用在技术方面的可能性。

所提出的可控震源振动记录相关方法在资料处理中试用过，这个方法可获得反映资料优点和缺点。在俄罗斯一个地区最初得到的振动记录曾与基本控制信号作过相关，也绘制出了时间剖面片段和确定波谱的组成成分（图3.21）。此后振动记录又二次与合成信号相关，合成信号是通过将基本控制信号和二次谐波叠加形成的，用这种方法得到的剖面片段和频谱请看图3.22。

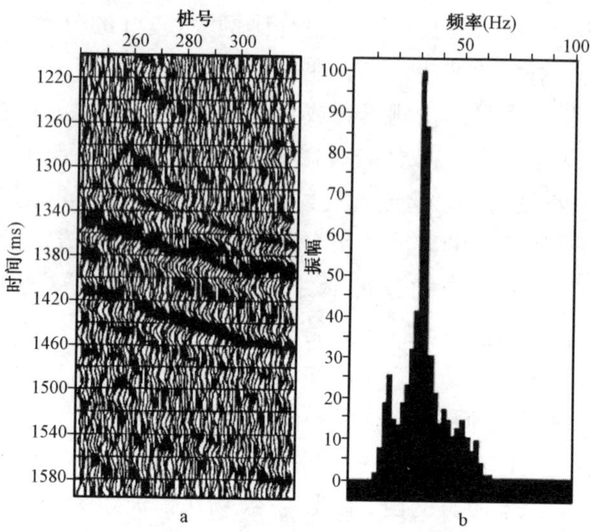

图 3.21　与初始控制信号相关后，得到的时间剖面片段(a)和波谱特点(b)

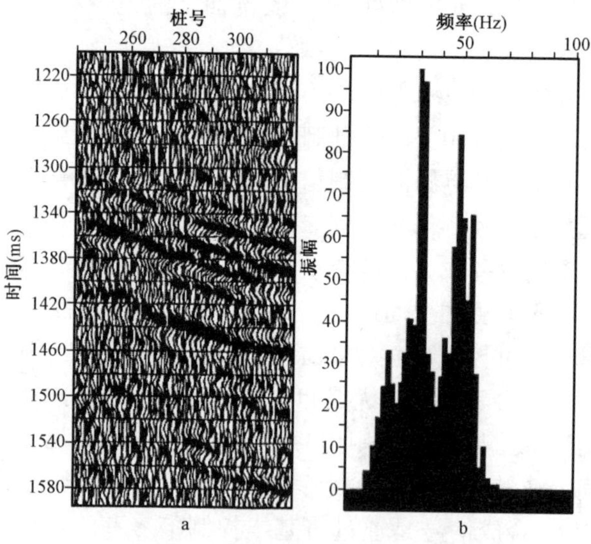

图 3.22　在与叠频控制信号相关后，得到的时间剖面片段(a)和波谱特点(b)

通过对比各个剖面片段后，我们发现，二次谐波的引入增强了记录图的分辨率，优化了各个反射层的可对比性，并使波谱的特性移向高频方向。这种变化显示最清晰的时间段是在 1.3 ~ 1.65s 间。

上述试验结果说明谐波可应用于：

(1)提高 1.3 ~ 1.5s 时间段剖面的详细程度。

(2)剖面上部的详细分层可用于计算静校正量。

(3)可用于较浅气库构造的准备及监测该气库的充气和采气的使用过程。

后　记

地质勘探构造的复杂和人们渴望对它更全面的了解,使我们有必要研究和评价在声学和地震勘探中波场非线性组分的实际应用的可能性。

已完成的理论和实际研究表明,采用地球物理方法研究的波场同时包含有线性和非线性成分。非线性成分的强度与介质中的孔隙度、裂隙度、流体饱和度、是否含有烃类构成成分有关。这种情况确定了声波测井和可控震源地震勘探在解决复杂的地质任务时波场非线性组分的实际应用前景。

以下是最基本的几点认识:

(1)声波测井波场非线性组分的程度由岩石的破碎程度决定。

(2)倍频和复频波出现在波在含油介质中传播的时候。

(3)在可控震源工作的过程中会激发出谐波。

参考文献

[1] Алёшин А. С. , Кузнецов В. В. Исследование физико – механических свойств рыхлого грунта под плитой вибратора // Проблемы нелинейной сейсмики. – М. : Наука, 1987. – С. 267 –272.

[2] Береснев И. А. , Шалашова Г. М. , Гуревич Б. Я. Комбинационное взаимодействие сейсмических волн в нелинейной пятиконстантной среде. В сб. Проблемы нелинейной сейсмики. М. , Наука, 1987.

[3] Гущин В. В. , Шалашов Г. М. О возможности использования нелинейных сейсмических эффектов в задачах вибрационного просвечивания Земли // Исследование Земли невзрывными сейсмическими источниками. – М. : Наука, 1981. – С. 144 –155.

[4] Жуков А. П. , Шнеерсон М. Б. Адаптивные и нелинейные методы вибрационной сейсморазведки. – М. : ООО《Недра – Бизнесцентр》, 2000. – 100 с. : ил.

[5] Жуков А. П. , Шнеерсон М. Б. , Логинов К. И. , Шулакова В. Е. , Харисов Р. Г. , Екименко В. А. , Хуснимарданов Н. М. Прогнозирование фильтрационно – емкостных свойств коллекторов на основе использования нелинейных компонент вибрационных волновых полей. Евро – Азиатское геофизическое общество институт геофизики СО РАН ГКЗ МПР России. ООО《Геомодель – консалтинг》, 2005 г. , №1, с. 78 –86.

[6] Жуков А. П. , Шулакова В. Е. , Логинов К. И. , Шнеерсон М. Б. Гармонические и нелинейные компоненты сейсмических вибрационных волновых полей в пористых, трещиноватых, проницаемых, флюидонасыщенных средах. Приборы и системы разведочной геофизики. Офиц. изд. Сарат. Отд. ЕАГО, 2004 г. , №2, с. 11 –13.

[7] Зарембо Л. К. , Красильников В. А. Введение в нелинейную акустику. – М. : Наука, 1966.

[8] Зарембо Л. К. , Тимошенко В. И. Нелинейная акустика. – М. : Изд – во МГУ, 1984.

[9] Кузнецов В. П. Нелинейная акустика в океанологии. – М.: Физмат лит., 2010. – 204 с.

[10] Логинов К. И., Верещагин Т. Н., Логинов И. В. Нелинейные акустические свойства пористых проницаемых флюидонасыщенных сред. В сб. Физические основы сейсмического метода. М., Наука, 1991, с. 134 – 143.

[11] Николаев А. В. Проблемы нелинейной сейсмики // Проблемы нелинейной сейсмики. – М.: Наука, 1987. – С. 5 – 20.

[12] Николаев А. В. Развитие нетрадиционных методов в геофизике. В сб. Физические основы сейсмического метода. М., Наука, 1991, с. 5 – 18.

[13] Николаевский В. Н. Геомеханика и флюидомеханика. – М.: Недра, 1996.

[14] Теория и практика наземной невзрывной сейсморазведки / Под ред. М. Б. Шнеерсона. – М.: ОАО Издательство "Недра", 1998. – 527 с.

[15] Циммерман В. В. Нелинейные свойства электрогидравлического вибрационного источника сейсмических колебаний // Проблемы нелинейной сейсмики. – М.: Наука, 1987. – С. 273 – 279.

[16] Шнеерсон М. Б., Жуков А. П., Ченборисова Р. З. Нелинейные и фазовые искажения вибрационных сигналов и способы их коррекции // Геофизика. – 1997. – > & 3. – С. 27 – 33.

[17] Френкель Я. И. К теории сейсмических и сейсмоэлектрических явлений во влажной почве. Изв. АН СССР. сер. География и геофизика, т. X111, №4, 1944, с. 133 – 149.

[18] Biot M. A. Generalized theory of akoustik propagation in porous dissipative edia. J. Acoust. Soc. Amer., №9, 1962.

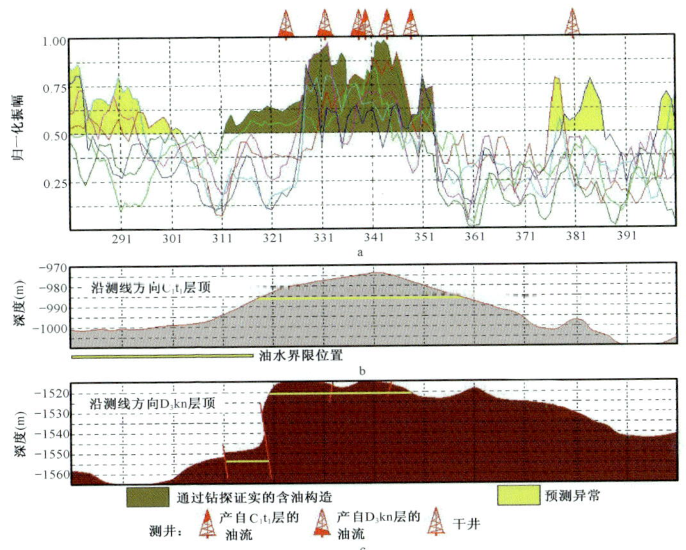

图 3.3　沿测线方向叠频和差频与含油起伏构造和油藏位置的对应关系(对应于图 3.2 的试验)

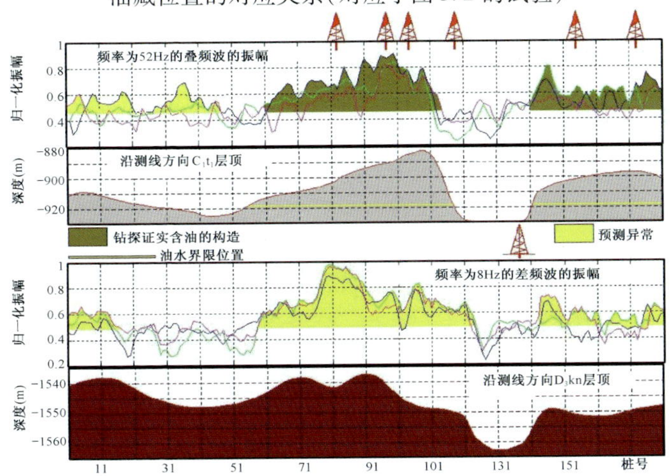

图 3.4　沿测线方向叠频和差频与含油起伏构造和油藏位置的对应关系(相关试验)

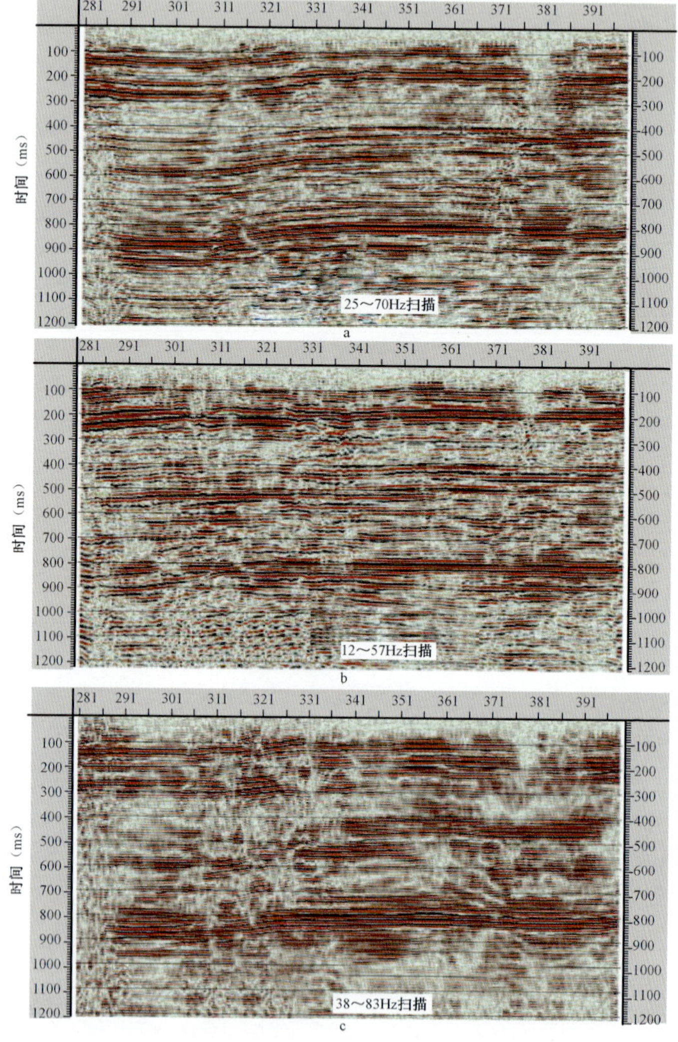

图 3.7　基频(a),差频(b)和叠频(c)的时间剖面